LA MAISON EN SES TERRITOIRES

De la villa à la ville diffuse

Collection **Villes et Entreprises**
dirigée par Alain Bourdin et Jean Rémy

La ville peut être abordée selon des points de vue différents : milieu résidentiel, milieu de travail, milieu de culture. Ceux-ci peuvent être entremêlés ou séparés. Il en va de même des groupes sociaux qui communiquent à travers ces divers types d'enjeux. La dimension économique n'est jamais absente, mais elle entre en tension avec la dimension politique. Ainsi peut-on aborder la conception urbanistique ou architecturale, l'évaluation des politiques sociales ou socio-économiques et les formes d'appropriation par divers acteurs. Pour répondre à ces interrogations, la collection rassemble deux types de textes. Les premiers s'appuient sur des recherches de terrain pour dégager une problématique d'analyse et d'interprétation. Les seconds, plus théoriques, partent de ces problématiques ; ce qui permet de créer un espace de comparaison entre des situations et des contextes différents. La collection souhaite promouvoir des comparaisons entre des aires culturelles et économiques différentes.

Dernières parutions

F. DUHART, *Habiter et consommer à Bayonne au XVIIIème siècle*, 2001.
B. de GOUVELLO, *Les sources d'eau et d'assainissement en Argentine à l'heure néolibérale*, 2001.
M. CORALLI, *Espace public et urbanité*, 2001.
E. PASQUIER, *Cultiver son jardin*, 2001.
Eduardo LOPEZ MORENO, *Une histoire du logement social au Mexique*, 2001.
P. BIKAM, *L'industrie pétrolière et l'aménagement de la distribution de ses produits au Nigéria*, 2001.
B. ALLAIN-EL MANSOURI, *L'eau et la ville au Maroc. Rabat-Salé et sa périphérie*, 2001.
M. CHESNEL, *Le Tourisme de type urbain : aménagement et stratégies de mise en valeur*, 2001.
J-M. STEBE, *Architecture, urbanistique et société*, 2001.
J. P. TETARD, *La nécessaire reconquête du projet urbain*, 2001.
F. NAVEZ-BOUCHANINE, *La fragmentation en question*, 2002.

ISBN : 2-7475-2429-9

Daniel Pinson
Sandra Thomann

LA MAISON EN SES TERRITOIRES

DE LA VILLA À LA VILLE DIFFUSE

Préface de Jacques Lévy

L'Harmattan
5-7, rue de l'École-Polytechnique
75005 Paris – France

L'Harmattan Hongrie
Hargita u. 3
1026 Budapest - HONGRIE

L'Harmattan Italia
Via Bava, 37
10214 Torino – ITALIE

Le présent ouvrage est la version remaniée d'une recherche effectuée pour le Plan Urbanisme Construction Architecture. Réalisée dans le cadre du CIRTA (Centre de Recherche sur les Territoires et leur Aménagement), laboratoire de l'Institut d'Aménagement Régional (Université Aix-Marseille III), elle a bénéficié de la collaboration de Paul Cuturello et de Michèle Luciani.

Illustration de couverture : Gilbert Thomann

Préface

Habiter l'espace avec, sans, contre les autres

Ce livre propose les résultats d'une enquête sur les manières d'habiter engendrées par la périurbanisation dans le contexte urbain de la métropole marseillaise. Il permet de jeter un éclairage critique sur la notion de " ville émergente " à laquelle il se voulait une contribution sans *a priori*.

La périurbanisation contre l'urbanité

La périurbanisation est loin de se laisser définir comme une simple dédensification, un desserrement qui serait la condition " progressiste " d'une meilleure adéquation de l'individu à la ville. C'est, soulignent les auteurs, bien autre chose : un projet centré sur la maison, l'automobile, la famille et le patrimoine.

Renouvelant les études des années 1960 et 1970 sur les " pavillonnaires ", ce travail a d'abord le mérite de confirmer, dans un contexte profondément transformé par les dynamiques urbaines et l'explosion des mobilités, le rôle majeur de la maison et de son jardin dans l'imaginaire et les pratiques de ces habitants. Différents éléments (taille, statut de propriétaire, relatif isolement) jouent en faveur d'une souplesse d'utilisation, qui est perçue par ses habitants comme une liberté fondamentale. Les entretiens présentés dans l'ouvrage sont à cet égard très clairs : fondamentalement, les périurbains pratiquent ce mode d'habitat parce qu'ils l'ont voulu et que, expérience faite, ils le veulent toujours. L'idée qu'ils se seraient fait imposer cette option par une logique " structurale " apparaît franchement surréaliste. La maison individuelle en zone non dense, disjointe de l'agglomération morphologique, réalise le rêve séculaire d'une partie des membres de nos sociétés : échapper à la promiscuité des inférieurs à soi et, plus généralement, à toute forme d'interaction indésirable avec le monde social extérieur.

Ces choix engendrent des tensions que les auteurs ont minutieusement étudiées.

L'essentiel de l'enquête auprès d'une trentaine de " familles-maisons " consiste dans l'identification des espaces pratiqués par les périurbains. Les " pérégrinations ", selon la jolie expression de Marc Wiel, occupent une part importante de l'activité des personnes interviewées. Les périurbains sont sans conteste des urbains, ils fréquentent un nombre non négligeable de lieux, pour une bonne part situés dans les principales agglomérations alentour, ce qui fait qu'on peut classer certains d'entre eux comme des " métropolitains ", mais la spatialité qu'ils pratiquent possède des caractéristiques très particulières. Il s'agit d'espaces en réseau, qui les relie à la ville par des accessibilités externes, segmentées et programmées. Les configurations et les métriques sont multiples : parcours automobiles mais aussi commerce et télé-communications lancent divers filets qui relient ces " campagnes " au monde des fortes densités. Mais, comme le montrent les nombreuses cartes dressées d'après les entretiens, cette réticularité présente l'inconvénient d'empêcher un véritable usage de ce qui fait la force de l'urbanité : la rencontre avec l'inattendu, la virtualité d'événements imprévus, la déprogrammation réciproque des lieux par les hommes et des hommes par les lieux. Le paradoxe est que, en cherchant à reproduire les territoires ruraux, les périurbains n'ont créé que des réseaux, c'est-à-dire des espaces discontinus et lacunaires, dont ils sont lourdement dépendants, alors même que, désormais, c'est dans la ville la plus dense, " active " dans toutes les directions et dans tous les sens, que l'on se rapproche le plus de l'idéal de territorialité.

Au sein de ces espaces, la maison occupe une position particulièrement centrale, à la fois parce que cela correspond au choix de vie dont elle est une des expressions et parce que cette option stratégique entraîne des mises à distance de tous les autres lieux. Il y a là une évidente rétroaction positive de l'écart : le choix de la séparation crée de nouvelles séparations. On n'est donc pas surpris que celles-ci puissent être vécues comme partiellement négatives par les intéressés. Partiellement : en partie pour tous, et totalement pour certains. Ainsi, les jeunes (dont la première caractéristique est ici qu'ils ne peuvent conduire une automobile) apparaissent-ils comme les victimes du système dans la mesure où les métriques pédestres leur sont soit d'un faible recours (marche à pied), soit inaccessibles (transports publics). Dans ces espaces " péridomestiques ", la dépendance vis-à-vis de la voiture des adultes peut fonctionner comme un jeu à somme négative, transformant ces derniers en chauffeurs plus ou moins consentants. Il en résulte pour les jeunes une situation spatiale très contrastée selon l'échelle : à courte distance, l'autonomie dans les jardins, le lotissement, éventuellement les

espaces de sports et de loisirs proches ; à longue distance, et celle-ci commence souvent avec l'accès au collège ou au lycée, le caractère forcément lacunaire des " ramassages " rend l'enclavement pesant. Dans l'ensemble, si on définit la taille d'un espace comme la somme des objets qui le constituent par leur distances et leurs interactions, l'espace de ces jeunes se trouve dangereusement rétréci, en dépit du nombre des kilomètres parcourus. On pense au cas-limite du " syndrome " brésilien des condomínios fechados (copropriétés clôturées, proches des gated communities nord-américaines) : les premières sorties d'un univers étriqué mais autosuffisant et protecteur vers le grand large du monde social peuvent prendre l'allure d'un véritable traumatisme.

La bonne volonté des parents, et surtout des mères, doit alors être vue aussi comme la composante d'une posture éducative spécifique car, pensée ou non, elle a pour résultat un contrôle social de tous les instants sur les relations non répertoriées des enfants, un contrôle qui serait de fait impossible en zone dense. Les " valeurs familiales ", ces " *family values* " des conservateurs étatsuniens, sont invoquées dans plusieurs entretiens.

Les apories de l'écart

Porteuse d'un fantasme " *individualiste* ", au sens d'une opposition au collectif, la périurbanisation est donc tout sauf le triomphe de l'individu, bien davantage une organisation intermédiaire entre celle de la *communauté* (la *Gemeinschaft* de Tönnies) et celle de la *société des individus* d'Elias. La privatisation maximale de l'espace pratiqué – la voiture prolongeant la maison – évoque davantage la peur de ce frottement assumé avec les autres qui signe l'urbanité que la force tranquille d'un individu autonome. L'obsession de la sécurité, à laquelle les périurbains, nous dit cette étude, sont particulièrement sensibles, ne fait que confirmer ce constat. Face à une histoire de la ville qui a inventé du même mouvement espace public et espaces privés, le choix de l'écart urbain correspond à une bifurcation, rêvée depuis longtemps par certains et enfin techniquement et financièrement réalisable, caractérisée par une guerre ouverte du privé contre le public, avec la conséquence que l'espace privé (à travers la télévision et d'autres machines audiovisuelles) doit prendre en charge une partie croissante du rapport aux autres et du rapport au monde.

Cet ouvrage nous éclaire également sur les contradictions de la *patrimonialisation*. D'un côté, les périurbains intègrent dans leur choix de localisation la dimension sociétale de la valeur patrimoniale de leur logement : le paysage dans lequel il s'insère compte, et d'autant plus que le processus de valorisation de l'espace public, naturel ou bâti, se propage et s'incorpore dans les conceptions spatiales de leurs contemporains. De l'autre, la périurbanisation, dont ils sont acteurs, contribue au mitage incontrôlé, aux fractures autoroutières, à l'imperméabilisation des sols, à l'expansion de lieux génériques faibles tels que les zones commerciales, faites de hangars et de parkings. Plus directement, ils participent de la diffusion d'un modèle de maison dominé par une esthétique *kitsch,* obtenue par hybridation entre une architecture royale néo-classique et différents mélanges de maisons paysannes traditionnelles, tout cela revu et corrigé par l'industrialisation des matériaux de construction. J'avais parlé d'une *métalepse* (l'inversion de la cause et de l'effet) périurbaine à propos de l'engorgement des centres anciens, attribué par ceux qui veulent le fuir à la densité alors qu'il est le résultat d'un usage de la ville selon des métriques (automobiles) qui explosent dans l'urbain non dense et débordent de la périphérie sur le centre. On peut tenir le même raisonnement à propos du patrimoine. À l'échelle individuelle, les périurbains attribuent à la ville dont ils se retirent la menace sur le patrimoine commun dans lequel ils évoluent alors qu'ils sont collectivement et individuellement responsables de cette menace.

Les figures de l'habiter

Un certain nombre de spécificités font de cette étude un cas d'espèce. On retiendra particulièrement le choix de l'aire urbaine. Par l'énucléation et la projection vers Aix-en-Provence de ses fonctions centrales les plus légitimantes, par l'éclatement de l'urbain en un réseau aux confins indécis, par l'écrasante domination de ses métriques automobiles, par sa tendance à produire de vastes sous-espaces sociologiquement et fonctionnellement homogènes et par son absence de visibilité à elle-même, la métropole marseillaise représente, parmi les villes européennes, une situation-limite, l'expression la plus proche de ce que j'ai appelé “ modèle de Johannesburg ” : un style urbain paradoxal dans lequel la ville se développe et fonctionne en opposition frontale à certains aspects essentiels de l'urbanité. Cette singularité permet de donner une signification plus précise à cet ouvrage. Même si les situations les plus extrêmes ne sont pas représentées dans l'enquête en raison des sites et des populations ciblées, nous avons une idée des effets sociaux globaux d'un choix spatial manifeste, cohérent avec un contexte aux lignes épurées. Cela permet, au-delà des spécificités du cadre de la recherche, de tirer un certain nombre d'enseignements.

D'abord, le rapport à la *maison* se révèle un bon indicateur d'une relation de l'individu à l'espace. Dans ses déclinaisons, rendues plus nombreuses par les libertés accrues en matière de localisation et de mobilité, le couple maison/monde indique ce que nous avons choisi de faire d'une relation entre identité et altérité, où nous avons décidé de *situer* – dans tous les sens du terme – la société (en fait : le reste de la société) par rapport à l'individu que nous tentons d'être.

Ensuite, ce travail montre de manière convaincante l'importance des *systèmes de lieux*. Savoir où l'on va, comment on y va, ce qu'on fait sur place mais aussi en y allant permet de construire des profils extrêmement riches des acteurs géographiques d'aujourd'hui. Le monde rural offrait un seul lieu à l'individu ; celui de l'industrie, deux ; la première " société de consommation ", trois ou quatre, avec l'apparition des loisirs et des vacances. L'analyse des systèmes de lieux des individus et des collectifs devient le passage obligé, presque le point de départ d'une étude visant à l'intelligence des espaces contemporains. En 2001, si odyssée de l'espace il y eut, ce ne fut pas dans le vide intersidéral ; c'est vingt mille lieux sur la Terre, sur une planète faite des hommes et de leurs œuvres, que nous sommes libres, sinon enjoints, de parcourir.

Enfin, ce travail confirme l'intérêt pour la question de l'habitat, de l'*habiter*. Une géographie, désuète dès sa naissance, avait fondé son projet sur l'idée d'un " homme-habitant " qui s'ancrait dans un lieu unique, chargé de sens sacré et incommensurable aux autres. Pour échapper aux faiblesses de ce paradigme, la recherche sur l'espace a d'abord été tentée de traiter les hommes comme des choses, les limitant à leur nombre et à leurs flux. Puis des notions telles que l'appropriation (par élargissement de la notion de propriété) ou l'identification (parfois exprimé par le mot " territorialité " en français, " *place* " en anglais) ont tenté de combler le vide. Une sorte de partage des dépouilles de la vieille géographie entre néopositivistes et " humanistes " s'est un temps instauré. Aujourd'hui, le cercle – la parenthèse ? – se referme. La fin de l'*assignation à résidence* de l'humanité rend indissociable l'espace du mouvement et l'espace du sens, les logiques de localisation et les puissances de l'identité ou encore, pour reprendre les mots de Jean Gottmann, la " circulation " et l'" iconographie ". Sur une nouvelle base, la notion de lieu reprend du service : la force d'*un lieu* émerge par la présence toujours-déjà là *des lieux*, de tous les autres lieux pratiqués ou connus, honnis, rêvés. Chaque acteur spatial dispose d'une panoplie de spatialités – territoires et réseaux, échelles emboîtées, couches superposées,... – dont il semble exclu qu'elle se laisse réduire. Et c'est alors le mot " habiter ", détaché de la résidence (l'habitat n'est pas seulement le logement), plus ample que la seule position statique (habiter n'est pas seulement demeurer) qui émerge. Ce que nous faisons avec l'espace ? Nous l'habitons. Nous l'habitons de mille manières, un instant ou une vie, en touriste ou en citoyen, ici et ailleurs. Nous l'habitons comme individu, comme groupe ou comme société. Nous l'habitons avec, sans voire contre les autres.

Habité, être habité : l'habitat, l'habitabilité des lieux deviennent des critères décisifs pour analyser et, éventuellement, transformer les composantes de l'espace. Mettre l'accent sur l'habiter nous fait ainsi passer d'une *morale* du chacun-chez-soi-une-fois-pour-toutes à une *éthique de l'espace* qui ne nous laissera plus jamais tranquille : habiter le monde sans le rendre pour d'autres, pour tous les autres, et pour soi-même parmi eux, inhabitable.

Jacques Lévy

Introduction

La "ville émergente" participe de ces "révolutions" qui annoncent la fin des millénaires. Selon les promoteurs de ce concept[1], l'an 2000 arrivait et risquait de surprendre la communauté qui se penche sur la ville, en réflexion, comme en action, et de la laisser littéralement sur place avec des notions et des théories totalement dépassées pour nommer les phénomènes qu'elle avait sous les yeux et en comprendre le fonctionnement, les évolutions, les politiques et techniques de transformation.

À vrai dire la chose n'était pas exactement nouvelle, du moins radicalement nouvelle : le XXe siècle, celui de la "modernité" annoncée par Baudelaire, a choyé les annonces fracassantes relatives à la ville et à l'urbanisme : la déclaration de La Sarraz en 1928 était de ce genre et si la Charte d'Athènes est sortie des CIAM en 1933 avec moins de bruits de bottes que le coup d'État nazi de la même année, sa publication en 1946 a validé le modèle d'une "ville machiniste", lui-même rapidement dépassé par la réalité.

La critique de ce modèle fut radical, mais la préférence de ses contempteurs, qu'il s'agisse de Lefebvre ou de Choay, par exemple, allait plutôt vers la défense de valeurs urbaines éprouvées que vers les situations constatées à partir des années 80, notamment celle de la "rurbanisation"[2]. À cet égard la reconquête des centres, que l'on doit pour partie à ce type de

---

1. Dubois-Taine G., Chalas Y. (1998), *La ville émergente, constats pour renouveler les lignes de l'action publique*. Paris : MELT/PUCA.
2. Bauer G., Roux J.-M. (1976), *La rurbanisation ou la ville éparpillée*. Paris : Le Seuil.

sensibilité, constitue, en dépit de ses contrastes, une réaction indéniablement salutaire face à l'évolution des villes européennes des années 80.

Elle pèse cependant d'un poids relativement faible en regard de l'étalement urbain et des configurations "mégapolistiques". "La fin de la ville et le règne de l'urbain "(F. Choay)[3] exprime en filigrane le désenchantement face à une certaine orientation de l'urbain qui consacre plus les valeurs de la "société bureaucratique de consommation" (H. Lefebvre)[4] que celles de l'urbanité formées dans les fortes densités de la grande ville.

Entre le phénomène d'extension périurbain pavillonnaire, largement porté par l'initiative particulière, témoin de la moyennisation d'une large partie de la société française[5], et la requalification ambiguë des centres urbains, au risque d'une piétonnisation-muséification, s'est pourtant interposée la question des ensembles d'habitat social des années 60 - construits avec la bénédiction des moins bons parmi les textes choisis de la Charte d'Athènes et un engagement considérable de l'État -. Leur dégradation, inattendue tant les "grands ensembles" inspiraient initialement optimisme[6], a suscité de la part de l'État, décentralisé depuis le début des années 80, et antérieurement, dès les années 75, "désengagé" du logement social, une mobilisation-recentralisation sous la forme nouvelle de la "Politique de la ville".

La démarche contractuelle sous tutelle de "l'État-animateur" y a sans cesse gagné en importance, tempérant les accusations d'abandon par l'État de son aide au logement aussi bien qu'un risque de fragmentation urbaine pouvant résulter des égoïsmes locaux. Ces orientations, balancées entre l'action sur le cadre de vie et l'action économique, ont réconcilié la tradition humaniste et urbaniste avec sa vocation dominante : panser (à défaut de penser) les plaies de la ville. Après le demi-échec de la réhabilitation associée au développement social urbain, cette action prend actuellement la forme du "renouvellement urbain"[7] et se trouve articulée aux autres aspects de l'action d'aménagement dans le cadre de la loi SRU. Le titre initial de ce texte disait mieux, d'ailleurs, les objectifs qu'il s'agissait d'intégrer conceptuellement : "urbanisme, habitat, déplacements".

---

3. Choay, F. (1994), "Le règne de l'urbain et la mort de la ville", in Catalogue de l'exposition : *La ville, art et architecture en Europe, 1830-1993*. Paris : Centre Pompidou.
4. Lefebvre, H. (1970), *La révolution urbaine*. Paris : Gallimard.
5. Burgel, G. (1993), *La ville aujourd'hui*. Paris : Hachette.
6. Clerc, P. (1963), *Les grands ensembles*. Paris : PUF.
7. Driant, J.-C. (1999), " Démolir les grands ensembles ? ", in *Études Foncières* n° 86.

L'urbanisme court-il après la ville ?

La pensée urbaniste inspirant les initiatives de l'État est précisément nourrie d'une culture aux origines lointaines qui a institué en doctrine le travail de mise en ordre de l'espace, et subordonné la compréhension du désordre aux techniques de sa résolution. L'urbanisme pratique est dans ce sens plus à l'aise dans les recettes de Diafoirus que dans la vigilance de la médecine moderne. La définition consacrée de l'urbanisme dit d'ailleurs bien la place qu'y tient l'action "volontaire" et l'objectif d'harmonie, ou, au moins, d' "organisation rationnelle" qu'elle vise[8].

Le rôle des "services" de l'État, et les annexes que cette culture de l'État a produites dans les agences d'urbanisme et autres structures intégrées aux services municipaux, est donc avant tout de remédier aux désordres qui peuvent apparaître dans l'organisation des territoires. Dans ce vaste mouvement de décentralisation et de délégation de pouvoirs engagées avec les lois de décentralisation de 82-83, certains ont pu regretter que, les "sociologues contre l'État"[9] ayant peut-être disparu, la vigilance radicale qui, dans les années 60-70, caractérisait l'approche des phénomènes urbains, n'ait pas toujours été au rendez-vous pour mettre en question ce qui constitue ou non, et, à quels yeux, la manifestation d'un tel "désordre". La "ville émergente" est alors, peut-être, une invitation au retour de cette vigilance relâchée, contre une pensée urbaniste consensuelle, plus ou moins molle, endormie ou passée à l'acte militant dans la "Politique de la ville", en y noyant les rêves d'un "Grand soir" de la ville.

Le dédoublement de la critique marxiste, frappée dans sa version la plus dogmatique par le discrédit, et partiellement intégrée dans sa version la plus pragmatique, est en effet difficilement relayée par une critique alternative. Cette dernière est d'ailleurs elle-même invitée, dans les démocraties les plus évoluées, à une collaboration étroitement circonscrite à la mise en application et à la validation des performances de ses suggestions dans l'ajustement éco-social d'une "économie de marché", reconnue par ailleurs comme incontournable facteur de développement.

Les thèses qui émanent implicitement du courant de "la ville émergente" tendent à assimiler, non sans quelque raison, l'action volontaire de l'urbanisme à la reproduction d'une culture de la mise en ordre, du contrôle et du régime de l'interdiction systématique, fonctionnant sur le mode de l'*habitus* bureaucratique, en somme une entrave aux évolutions spatiales qui

---

8. Choay, F., Merlin, P. (1987), *Dictionnaire de l'aménagement et de l'urbanisme*. Paris : PUF.
9. Amiot, M. (1986), *Contre l'État, les sociologues*. Paris : EHESS.

accompagnent les changements dans les modes de vie et de consommation caractérisant le corps social. Au lieu de laisser s'épanouir les libertés motrices de ces changements, ou de guider ces libertés de façon qu'elles se concilient au lieu de se contrecarrer, le "vieil" urbanisme (selon notre compréhension des thèses multiformes de la "ville émergente"[10]) pose une série de limitations qui, en tuant dans l'œuf des initiatives légitimes, voire innovantes, étouffent la perspective potentielle d'une cohérence urbanistique nouvelle.

Les préférences pour le transport individuel, pour le pavillon, pour l'esthétique de hangar des hypermarchés et d'autres partis pris étrangers à la tradition urbaniste paraissent effectivement rééditer des prises de positions "à contre-pied" comparables à celles qu'avaient exprimées en leur temps des études comme "L'habitat pavillonnaire"[11] ou "Distance et proximité"[12] et le doute qu'elles avaient fait naître dans les certitudes d'une pensée "urbanistiquement correcte". Ces analyses partaient des pratiques habitantes, au plus près de leur expression, et plaçaient les habitants, objets des politiques, en sujets actifs dans la production de leur cadre de vie. Souvent, par la suite, la prise en compte de l'habitant s'est cependant transformée en angélisation de ce nouvel "héros collectif" au point de considérer toute contrainte ou règle normative incompatible avec la libre expression intégrale de ses pratiques.

Pourtant, il nous a semblé que ce "vent de liberté" (de libéralisme) soufflant sur la pensée urbaine avait quelque parfum de tabagisme mal sevré, et tout en adhérant, pour nous y être penché très concrètement dans le champ de recherche, à une théorie et à une pratique de l'urbanisme donnant toute sa place à l'habitant, nous ne saurions tomber dans les naïvetés ou les hypocrisies qui, pour excuser ou couvrir les lobbying et les égoïsmes, tendraient à cautionner toutes les tendances du "marché". Sont ainsi désignées les pratiques dont les logiques poussées à l'absurde développent des contre-effets plus nuisibles à la société dans sa globalité que l'effet libérateur qu'elles laissaient espérer, mais aussi toutes les situations de privilège foncier et immobilier que provoque le délire libéral et qui ont pour effet d'accentuer les inégalités socio-spatiales.

À force de flatter une soif inextinguible de liberté, on lâche la laisse des pitbulls, on en vient à nier les contraintes imposées par la nécessité du

10. Voir à ce sujet les débats publiés dans la revue "Urbanisme".
11. Raymond, H. et M.-G., Haumont A. et N. (1964), *L'habitat pavillonnaire*. Paris : CRU.
12. Chamboredon, J.-C., Lemaire, M. (1970), "Proximité spatiale et distance sociale", in *Revue Française de sociologie*, XI, 1970, Paris.

"vivre ensemble" au point que la situation créée finit par se retourner contre les objectifs initialement recherchés au nom de cette même liberté. Or, comme le dit un vieil adage (parfaitement discutable d'ailleurs et qu'on nous ne nous en voudra pas de rappeler), "la liberté s'arrête là où commence celle des autres". Dit dans un langage plus moderne et plus savant, celui d'Edgar Morin, cette idée peut s'exprimer ainsi : "Toute conception du genre humain signifie développement conjoint des autonomies individuelles, des participations communautaires et du sentiment d'appartenance à l'espèce humaine. Au sein de cette triade complexe émerge la conscience."[13]

L'urbanisme doit précisément trancher cette difficile question de l'intérêt général et Jean-Paul Lacaze a eu loisir de souligner à différentes reprises le caractère injuste de la décision d'urbanisme[14]. Toute son histoire est tendue, depuis Hippodamos de Milet, dont la philosophie pouvait s'apparenter à celle de la *summetria* (l'égalité) de Clisthène[15], vers un objectif d'équité que contredisent à la fois les différences humaines et les disparités de l'espace. L'intérêt général est pour cette raison, et particulièrement dans la pratique de l'urbanisme, un argument (une argutie) bien encombrant qui n'est jamais véritablement parvenu à convaincre qu'il protégeait autre chose qu'un intérêt d'État ou des intérêts puissants, dans la distribution de l'espace et les choix de son aménagement.

Ce n'est donc que lorsque des intérêts non pas identiques, mais occasionnellement partagés, en particulier de santé, sont identifiés, que l'urbanisme émet les diagnostics les plus pertinents, les mieux partagés, et préconise alors des mesures utiles pour l'ensemble d'un corps social, toutes catégories confondues. L'existence et l'identification de ces "biens communs", comme les appelle Pier Luigi Crosta[16], facilite alors, non sans débats et conflits, l'adoption de solutions d'urbanisme adaptées aux situations, fondées sur des méthodes de travail où le débat joue un rôle essentiel, méthodes elles-mêmes assises sur quelques principes simples plutôt que sur des règles de droit assénées par une autorité lointaine et des principes abstraits. La démocratie et la pratique de l'urbanisme, laborieusement, tentent d'aller dans ce sens.

---

13. Morin, E. (1999), *Les sept savoirs nécessaires à l'éducation du futur*. New York : Organisation des Nations Unies pour l'éducation, la science et la culture.
14. Lacaze, J.-P. (1995), *La ville et l'urbanisme*. Paris : Flammarion.
15. Vernant, J.-P. (1965), "Espace et organisation politique dans la Grèce ancienne ", in *Annales ESC*, Paris, repris dans Vernant, J.-P. (1990), *Mythes et et pensée chez les Grecs*. Paris : Seuil.
16. Crosta, P. L. (1998), Politiche. *Quale conoscenza per l'azione territoriale*. Milano : Franco Angeli.

Une grande peur a, au cours de la dernière décennie, saisi le monde, puissants en tête, qui oblige à aborder les questions d'aménagement avec moins de désinvolture et dans le souci débattu des "biens communs" : on s'est inquiété, lors de la Conférence de Rio de 1992, de "la maîtrise que nous avons de notre maîtrise de la planète" pour paraphraser une formule heureuse de Michel Serres[17], et le concept du "développement durable", en dépit des multiples interprétations et détournements dont il peut être l'objet, est affiché comme principe de toutes les chartes nationales et internationales. En 1993, la Commission européenne publiait un rapport sur les "Villes européennes durables" précisant qu' "une des préoccupations majeures en matière de planification durable est la vitesse à laquelle l'urbanisation 'consomme' la ressource limitée qu'est le sol dans les pays de l'Union européenne"[18].

Le terme de gaspillage est ainsi fréquemment évoqué pour caractériser l'étalement urbain. Ce procès a quelques relents de soupe réchauffée, puisque Le Corbusier, dans "La ville radieuse"[19] l'invoquait déjà à propos des cités-jardins. Il a cependant, en ce début de troisième millénaire, un zeste de pertinence. L'étalement, qui est avant tout un phénomène résidentiel, entraîne effectivement des effets de réseaux et d'équipements et il se développe sur des parties de territoires et sous des formes difficilement maîtrisables. Les urbanistes ont en effet un pouvoir très faible en regard, d'une part, de la poussée conjointe des aspirations des classes moyennes, des intérêts spéculatifs et politiques, des entreprises de lobbying entourant la maison individuelle et l'automobile personnelle, et, d'autre part, d'une imprévision, en matière de développement spatial, largement alimentée par les arrière-pensées de ceux qui anticipaient, dans ces franges situées entre ville et campagne, les forts différentiels de prix du terrain[20].

Les effets pervers en sont considérables : épuisement des espaces propres à la construction, renchérissement du foncier, sophistication extrême des réseaux, coût d'exploitation des services en croissance exponentielle, transformation incohérente des paysages... Les conséquences en termes de pollution en sont manifestement les mieux cernées, assez directement liées à l'utilisation accentuée du véhicule personnel, mais la dispersion de l'habitation dans l'espace comme cause de cette situation est bien plus sous-

---

17. Serres, M. (1990), *Éclaircissements*. Paris : Flammarion.
18. Commission européenne (1993), *Villes durables européennes*. Bruxelles.
19. Le Corbusier (1935), *La ville radieuse*. Boulogne-sur-seine : L'Architecture d'Aujourd'hui.
20. Comby, J., Renard, V. (1996), *Les politiques foncières*. Paris : PUF.

estimée. Il est vraisemblable qu'en abordant cette question, on touche à un autre tabou.

En proposant ce sujet de recherche, et mettant de côté le plus qu'il est possible notre intime conviction (qui, ne finassons pas, nous a guidé dans son choix), nous avons voulu appréhender l'expérience pavillonnaire dans sa relation à l' "urbain généralisé", et faire apparaître, à travers le déploiement des pratiques et la vie des représentations des accédants, les aspects contrastés, positifs et négatifs, de ce mode d'habiter, de son évolution, au cours du cycle de vie familial et dans le contexte en mutation incessante de l'urbanisation, et considérer objectivement sa performativité non seulement comme lieu domestique, mais aussi comme lieu urbain inscrit dans le processus de métropolisation.

La maison entre repos et mouvement : une recherche…

Le regard porté sur la ville aujourd'hui place la mobilité, avec des nuances plus ou moins affirmées (Françoise Choay[21] allant plus loin que Jean Rémy et Liliane Voyé[22]), au centre des transformations qu'a connues la ville au cours de la seconde moitié de ce siècle.

Il est utile de noter que ce regain de mobilité survient au terme d'une phase de sédentarisation, résultat de la stabilisation relative et provisoire d'une société industrielle et urbaine qui s'était formée en Occident au XIXe siècle, et qui, à travers l'exode rural et la formation d'une main d'œuvre industrielle, avait provoqué un déplacement massif de population. En pénétrant encore plus loin dans l'histoire et dans les cultures, on n'aurait aucun mal à identifier des civilisations qui fondaient leur existence sur l'invasion et le nomadisme. La mobilité n'est donc une chose nouvelle que par l'ampleur qu'ont pu lui donner les techniques modernes.

Au demeurant, le déplacement dans l'espace contemporain, et notamment le transport mécanique des corps physiques (hommes et marchandises), a, au cours de ce siècle, provoqué des réagencements considérables de l'espace et du temps, et plus précisément des espaces urbains et des réseaux de communication matériels. Les nouveaux modes de télécommunication en temps réels sont cependant en train de bouleverser le rapport entre réseaux matériels et immatériels, ne donnant plus au déplacement physique, aux

21. Choay, F. , art.cit.
22. Rémy J., Voyé L. (1995), *La Ville : vers une nouvelle définition ?* Paris : L'Harmattan.

supports et aux appareils qu'il appelait, la prédominance qu'il détenait auparavant[23].

Or, si le mouvement façonne toujours la ville actuelle, en favorisant son étalement, on pourrait dire, en partant des deux termes de l'urbanisation telle qu'elle est pensée par Ildefonso Cerda[24] (le "mouvement" et le "repos"), que c'est paradoxalement un lieu du repos : la maison en périurbain, qui conforte ou parachève l'éparpillement. Ainsi la route alimente l'isolement des maisons, les maisons appelant à leur tour la création d'autres centralités périphériques plus accessibles, tels que les centres commerciaux.

Des territoires construits à partir de la maison

Cette recherche a comme objet, bien plus que la maison du périurbain elle-même, ses territoires, plus précisément des parcours et des lieux que la famille rattache à un univers domestique plus ou moins partagé selon l'affirmation des identités au sein du groupe familial. Cet ensemble, constitué par la maison et les territoires qui la prolongent, mais la relient aussi à la ville, forme un "système de lieux".

La maison en périurbain sera ici considérée comme élément générateur d'un mode de vie et d'urbanisation ayant l'installation, à la marge de la ville dense, comme finalité première et la "pérégrination", pour reprendre le concept de Marc Wiel[25], comme condition d'accomplissement de cette installation. Il s'agit pour nous d'établir le lien entre les destinations et pérégrinations hors maison et les productions et consommations domestiques, familiales et individuelles, et de faire apparaître l'existence de territoires juxtaposés, plus ou moins entrecroisés, de configuration variable selon les individus composant l'unité domestique.

L'installation, modalité de "repos", est un processus de "mobilisation"[26] et participe d'un "projet de vie"[27], centré sur une forme d'habitat bien déterminée. Cette dernière associe, en période de forte croissance (années 70), ascension sociale et accession à la propriété : entre aspirations de vie et contraintes budgétaires, elle articule le petit territoire de la maison (la

---

23. Virilio, P. (1990), *L'inertie polaire*. Paris : C. Bourgeois.
24. Cerdà, I. (1979), *La théorie générale de l'urbanisation*. Paris : Le Seuil (adaptation du texte de 1867 par A. Lopez de Aberasturi).
25. Wiel M., Rollier Y., (1993), " La pérégrination au sein de l'agglomération. Constats à propos du site de Brest " in *Les Annales de la Recherche Urbaine*, n° 59/60, p.151-162.
26. Godard, F., Cuturello, P. (1982), *Familles Mobilisées: Accession à la propriété et notion d'effort des ménages*. Paris : Plan Construction.
27. Pinson, D. (1988), *Du logement pour tous aux maisons en tous genres*. Paris : Recherches, PCH-MUL.

maison elle-même et son terrain), et des territoires plus vastes (lotissement, commune, pays...).

Ce système, fondé sur l'accession et limité à des catégories de ménages solvables, a poursuivi son expansion territoriale dans les années 80-90, non sans qu'il soit modifié par l'évolution sociale et les contraintes d'urbanisation. Il y a en effet, aujourd'hui, une altération des valeurs accordées à la propriété. Si la maison des années 70 était synonyme d'accession à la propriété et de bien-être pour toute la famille, l'investissement dans une maison est, dans les années 90, mis en concurrence avec d'autres priorités. Les morales du sacrifice, de la rationalité monétaire cèdent le terrain à "une morale hédoniste", plus axée sur le développement du capital culturel. Ainsi l'éducation des enfants et leur bien-être prennent le pas sur la mobilisation pour l'accession, interrogeant à la fois le modèle d'habiter périurbain par son éloignement des lieux scolaires, mais l'amplifiant encore dans la recherche du "meilleur" établissement scolaire, hors toute considération de proximité spatiale et autre "carte scolaire".

L'installation dans le périurbain est par ailleurs significative d'un projet familial : celui-ci marque le passage du couple à la famille. En prolongement de la décohabitation d'avec la parentèle, qu'avait déjà favorisée de meilleures conditions de logement à partir des années 60, s'affirme, à travers l'accession à la maison individuelle, la consolidation de la famille mononucléaire des années 70. Cette dernière adhère à un modèle d'habiter fondé sur la dyade maison - famille, significative de valeurs familiales renouvelées.

Ce modèle porte toutefois le paradoxe que les efforts nécessaires pour accéder à la propriété (double salaire, rythme alterné, consommation surveillée...) affectent la cohésion de la cellule familiale. Ainsi les mobilisations nécessaires pour accéder à la propriété ne sont-elles pas sans perturber les relations intra-familiales, soulevant le problème de la difficile gestion du rapport domicile - travail pour les ménages bi-actifs. Dans cette installation, la femme occupe en effet une position "névralgique", tiraillée entre soutien à l'accession, éducation des enfants et gestion de leurs mobilités, et projet de vie personnel.

La maison en périurbain est donc, généralement, le centre d'un projet familial en construction dont l'anticipation reste incertaine. Son installation, processus considéré dans le temps long de sa réalisation, altère en effet le projet initial, réoriente ses intentions patrimoniales de départ vers d'autres finalités, le décompose en micro-projets qui partent de chacun des membres de l'entité familiale. Les enfants ne sont pas sans y tenir une place essentielle, au fur et à mesure de leur formation, de leur développement et de leur autonomisation progressive. Cette dernière peut ainsi transformer la "centralité domestique" de leur parents en pure annexe d'autres centralités externes, à leurs yeux plus essentielles. La polarisation sur la maison éclate alors dans des appartenances et/ou références plurielles qui sont encore démultipliées par la diversité des pratiques et représentations de ses habitants pris individuellement.

La maison comme "système de lieux"

Tant pour sa propre construction de centre de consommation et de production domestique, que pour la satisfaction des projets individuels de ses membres, la maison va donc s'inscrire dans un "système de lieux" complexes, dont la sophistication suivra le cycle long de l'installation en périurbain (ce qui n'exclut pas les désinstallations ou les bifurcations brutales, si l'on prend en compte les mouvements de décomposition et de recomposition familiales).

La maison obéit, tout d'abord, à une localisation choisie, et cependant partiellement contrainte, qui fait sens en regard de valeurs "internes" : une tendance au repli domestique qui reste à interroger finement, la poursuite d'un investissement patrimonial dans la maison et son équipement. Le passage de la vie de couple à la famille se traduit par un changement de modes de vie qui peut conduire à ré-agencer ces valeurs. En matière de "système de lieux", ce passage révèle des habitudes dont la pérennité ou les ruptures sont éclairantes du transfert sur d'autres enjeux et d'autres lieux.

Mais la localisation périurbaine de la maison répond aussi à des valeurs "externes" (qu'un langage plus ou moins commun appelle assez pertinemment le "cadre de vie"). Peuvent s'y croiser notamment des exigences paysagères, environnementales, patrimoniales, mémoriales, et parfois familiales, classantes et distinguantes, à la fois inspirées par l'air du temps (un nouveau "*Zeitgeist*": émergence des notions d'environnement et de patrimoine) et le "projet de vie" du ménage...

Qu'en est-il de ces valeurs initiales (cette "éthique" de l'accession combinée à une "éthique" du "cadre de vie") et comment engendrent-elles un mode de vie et une urbanisation spécifiques, comment associent-elles la triade environnement, famille, société ; comment en construisent-elles les lieux d'appartenance et de référence, les systèmes de relations sociales, dans une gestion subtile entre le proche et le lointain, entre la ville et la nature ? Quels en sont précisément le contenu et les modalités de fonctionnement ? Comment évoluent-elles en rapport avec l'histoire du ménage et celle de ses membres ?

En lien avec l'installation, la pérégrination est un élément essentiel du mode d'habiter périurbain ; elle associe étroitement à la maison des territoires d'appartenance, ou plus simplement de référence, variant selon différentes échelles spatiales, selon différentes "valeurs culturelles", en fonction de la puissance de l'ancrage résidentiel, et de la localisation de la maison. Cette pérégrination se nourrit aussi d'une vie familiale qui ne s'enferme pas dans la maison. Les lieux qu'elle traverse et enchaîne portent la trace d'une mémoire plus ou moins profonde, parfois celle d'un apprentissage familial, transmettant des habitudes de fréquentations, mais ils peuvent aussi nourrir la figure inédite d'un projet familial ou personnel qui trouvent dans ces lieux formant l'environnement proche et lointain de la maison les arguments de sa construction. Il est utile de s'interroger sur le sens (valeurs intrinsèques) de ces habitudes et de leur reproduction, de ces expériences neuves, sur l'évolution des modèles de vie familiale qu'ils expriment en terme de fréquentation des lieux extérieurs à la maison, sur les formes nouvelles de sociabilité urbaine (périurbaine) et de représentations de la campagne et la ville qu'ils peuvent engendrer, de leur rapport matériel et idéel.

Nous faisons donc l'hypothèse que la maison[28] et ses territoires forment un "système de lieux". La maison, lieu d'installation, constitue, dans ce système, un pôle central, pesant d'un poids essentiel, pratique et symbolique, cependant que les logiques d'individuation qui caractérisent la construction des personnes dans la société d'aujourd'hui[29] mettent les divers membres de la famille, au gré de l'évolution des cycles de vie, dans une pluralité élargie et un éclatement plus intense de leurs rapports à la société et à l'espace urbain.

Dans la mise en relation entre le centre que constitue la maison et les lieux qui la lient au reste du monde, l'automobile est un instrument privilégié d'accès au travail, aux lieux d'enseignement, de consommation, de loisir. L'effet combiné de l'individuation et de la mobilité engendre, à partir du centre que constitue la maison, une juxtaposition de territoires personnels présentant de plus ou moins grandes interférences.

---

28. En Provence, le pavillon est appelé "villa"; le terme de maison est en général réservé aux habitations mitoyennes des anciens villages ("maison de village"). Nous prendrons de la liberté avec ces définitions.

29. "L'unité de l'individu ne découle plus de l'unité de la société, elle est une activité du sujet dans un monde multiple, elle est réflexive et discursive" (Dubet, F., Martuccelli, D. (1998), *Dans quelle société vivons-nous ?* Paris : Le Seuil).

Par ailleurs, comme "système de lieux", cette juxtaposition/superposition n'est en aucune manière une simple "série d'endroits", voire un simple "réseau d'espaces ", dont la seule mesure d'accessibilité, à partir de la maison, serait le temps et/ou la distance, et les moyens de l'assurer. C'est bien un "système de lieux", dans la mesure où les parcours et les cibles de ces territoires sont porteurs de sens, en regard de valeurs où peuvent se croiser des attentes paysagères, mémorielles, environnementales, classantes et distinguantes.

Pour travailler cette hypothèse principale de "lieux formant système" (et territoires) : le lieu de "repos" – la maison –, comme générateur de "mouvements" plus agités et plus appareillés vers différents autres lieux d'un territoire métropolisé), le recours aux concepts d'installation, complétant celui d'accession, et de "pérégrination" nécessite encore quelques autres développements.

L'installation

L'installation est à la fois acquisition et appropriation, mais aussi repli/retrait pour être retraite, mise à distance du travail et en même temps mise à l'écart des zones urbaines denses, celles dévolues au travail et/ou celles formées par la ville historique, qui concentrent la majorité des services. En prolongeant encore la réflexion, l'installation est processus de mise en place d'un mode de vie dans le petit territoire de la maison (cf. la "production domestique continue" de Philippe Bonnin[30]) et plus largement dans un réseau territorial et social plus vaste, qui, pour certaines catégories sociales, y associera la deuxième résidence, jouant ainsi sur la diversité des sites d'urbanisation.

À l'encontre d'une conception dominante (inspirée par la culture de la "vie privée"), qui dissocie vie sociale et vie domestique, nous nous sommes attachés à faire le lien entre les destinations et pérégrinations hors maison et les productions et consommations domestiques, familiales et individuelles. L'influence des médias dans les processus d'identification, très présents dans l'installation et les pérégrinations, n'a pas été éludée. La société marchande continue en effet d'offrir une image type de la maison, reflet de la vie familiale idéale, d'un possible ancrage, et constitutive d'une identité quand "les modèles heureux" sont vécus.

De la même manière, à contre-courant d'une autre conception dominante, l'installation pavillonnaire a été envisagée dans sa capacité à repenser les

30. Bonnin, P., de Villanova, R., Dir. (1999), *D'une maison l'autre, parcours et mobilités résidentielles*. Grane : Créaphis.

relations sociales autrement que par l'ancien rapport de voisinage, ou les seuls rapports conjugal, familial ou filial, et à les inscrire dans des relations sociales plus riches et plus complexes (comme celles des familles recomposées et éclatées, par exemple, mais aussi bien d'autres créées à partir des activités hors travail). On a fait l'hypothèse que ces relations sociales, vagues ou précises, massives ou interindividuelles, immédiates ou dispersées, mais choisies, cultivent des références spatio-symboliques explicites ou implicites, voire des appartenances territoriales identifiantes, elles-mêmes variables selon les divers membres de la famille.

La pérégrination

Du côté des mouvements, la pérégrination est, pour l'habitant un mode de gestion de la multiplicité des déplacements, lié à l'éclatement du territoire et des modes de vie, fondé sur la combinaison optimale des parcours et des arrêts entre des destinations dont l'un des termes sera inévitablement la maison. Plus ou moins contraintes et optimisées pour la vie quotidienne, en regard des économies d'espace et de temps auxquelles oblige le "choix" périurbain, les pérégrinations peuvent, en situation de hors travail, trouver en elles-mêmes les raisons ludiques de leur parcours ("faire un tour à... en s'arrêtant chez..."). Ici l'automobile joue pleinement la vocation familiale que lui attribuait initialement la société fordiste.

Dans ces diverses situations, nous nous sommes attachés à mieux situer l'automobile (les automobiles) comme instrument privilégié de reconstruction des logiques d'accessibilité et de sociabilité entre les pratiques d'une vie familiale et individuelle, certes centrées sur la maison, mais éclatées et plurielles dans leurs autres destinations, dès qu'elles déclinent, à travers les activités de chacun des membres de l'unité familiale, leur rapport à la société et à l'espace urbain.

Les substituts des services démultipliés que rend l'automobile, tels que les transports scolaires et autres moyens de déplacements collectifs et individuels (scooters et cycles), utilisés par et pour les enfants, ont également retenu notre attention et ont été traités, en hypothèse, comme écarts plus ou moins imprévus du projet d'installation domestique en périurbain.

Les tensions du modèle de l'écart résidentiel

Cet aspect ouvre également une autre hypothèse de travail : la question était en effet posée de savoir si, aujourd'hui, ce modèle de périurbanisation, engendré par le couple auto-pavillon, jusqu'alors en expansion, n'arrive pas à saturation. Cette recherche n'a pas la prétention d'y répondre, car cela nécessiterait une approche territoriale plus globale[31] ou plus générale sur la ville[32]. Il s'est agi pour notre part d'explorer l'hypothèse que ce modèle fonctionne de plus en plus en tension, comme si ses propres logiques internes, confrontées à l'évolution du projet familial et des cycles de vie, mais aussi à la densification de l'espace construit, à la fragilisation des espaces naturels et à l'accroissement des difficultés d'accessibilité, autodétruisaient les valeurs patrimoniales et environnementales sur lesquels les acteurs premiers de ce mouvement, les ménages en accession, avaient établi leur installation.

En effet les logiques d'installation pavillonnaire, initialement fondées sur des valeurs d'usage, de patrimoine, mais aussi d'environnement, focalisées sur le pavillon, semblaient dépendre, pour les plus récentes, de la raréfaction et du renchérissement des terrains urbanisables (en ayant comme effet de les sélectionner socialement) et, pour les plus anciennes, pâtir de la densification de l'espace construit et de la dégradation des espaces naturels environnants. À cela paraissait s'ajouter encore l'accroissement des difficultés d'accessibilité des espaces urbains (encombrement du réseau routier) et de gestion des déplacements (accompagnements des enfants), mais aussi l'amplification des craintes pour la sécurité de la "villa" isolée et de ses occupants, tant au regard des risques de cambriolage et d'agression que d'incendie, et l'entretien plus difficile, avec l'âge, d'un territoire domestique trop important.

Les méthodes et les terrains

Pour mener cette recherche, nous nous sommes efforcés de mettre en relation les acquis de la sociologie de la famille et de l'habitat, de l'économie des réseaux et des mobilités et de la géographie des territoires.

Des entretiens avec la totalité des membres de la famille

La matière de probation pour les hypothèses présentées plus haut a eu comme ressource initiale et principale la conduite d'entretiens semi-directifs enregistrés sur des petits ensembles de ménages constitués principalement autour d'Aix-Marseille. Ces "familles-maisons" ont elles-mêmes été choisies

---

31. Voir les études réalisées à ce sujet par l'INSEE (cf. Première partie, chapitre 2) et l'INRA, ainsi que celles de la DATAR.
32. Dans l'optique des travaux de Jacques Lévy sur l'"urbanité européenne" (Lévy, J. (2000), "La France urbaine dans l'Europe des villes", in Paquot, Th., Lussault, M., Body-Gendrot, S. (sous la dir.), *La ville et l'urbain, l'état des savoirs*. Paris : La Découverte).

dans le cadre d'une sélection de communes situées dans l'aire métropolitaine Aix-Marseille. Cette dernière représente en effet un terrain tout à fait intéressant en regard du phénomène de métropolisation, voire de mégapolisation. Les fortes dynamiques de périurbanisation n'y sont étrangères, ni à l'attraction “héliotropique” de la région PACA, ni à la qualité paysagère de leurs sites.

Ces ensembles de ménages ont été nécessairement limités dans la mesure où les entretiens devaient atteindre le maximum de sujets dans le groupe domestique, non seulement l'homme et la femme dans le couple, mais aussi les adolescents dans la famille. La construction de ces “ensembles” de ménages s'est faite, quant à elle, à partir de variables sociologiques et territoriales prenant en compte des situations significatives de périurbanisation (maisons isolées, maisons en lotissements, accessoirement maisons de village), elles-mêmes articulées à des situations sociales précises.

Nous n'insisterons pas outre mesure sur la conduite des entretiens, ni sur leur exploitation qui relèvent de méthodes désormais éprouvées. Précisons cependant quelques particularités, comme la conduite de ces entretiens au domicile des habitants concernés, et en plusieurs rencontres ; la plupart du temps, ces entretiens, systématiquement enregistrés, ont été réalisés avec la totalité des membres de la famille, rencontrés de manière groupée ou séparée.

Une autre grande spécificité de ces entretiens a consisté en l'attention que nous avons portée à la mention, à la description et à la qualité des lieux évoqués par les sujets interrogés, relatifs à des destinations, des parcours ou des paysages précis de leurs pratiques ordinaires ou extraordinaires. Ce travail d'interrogation, qui se gardait de trop se limiter aux pratiques et aux représentations de l'unité domestique pour en visiter les prolongements extérieurs et les rapports aux territoires métropolitains, a donc accordé une place importante à la relation des habitants au temps et à l'espace, au temps du quotidien comme au temps long des cycles de vie, à l'espace pensé comme distance mais aussi comme paysage.

À la fin des entretiens nous avons demandé aux personnes de nous citer au moins cinq lieux/destinations importants pour eux. Cet “exercice” visait à “faire sortir” des lieux qui ne seraient pas apparus dans l'entretien, des lieux davantage chargés d'affectif. Nous avons pu collecter ainsi les représentions individuelles des lieux importants de 38 personnes, avec un bon équilibre homme/femme. Ce corpus présente une surreprésentation de personnes installées sur Cabriès (23), aussi notre analyse, dans un souci de rigueur, a porté sur les motifs de destinations.

Exemple de carte

LIEUX / DEPLACEMENTS "CONTRAINTS"

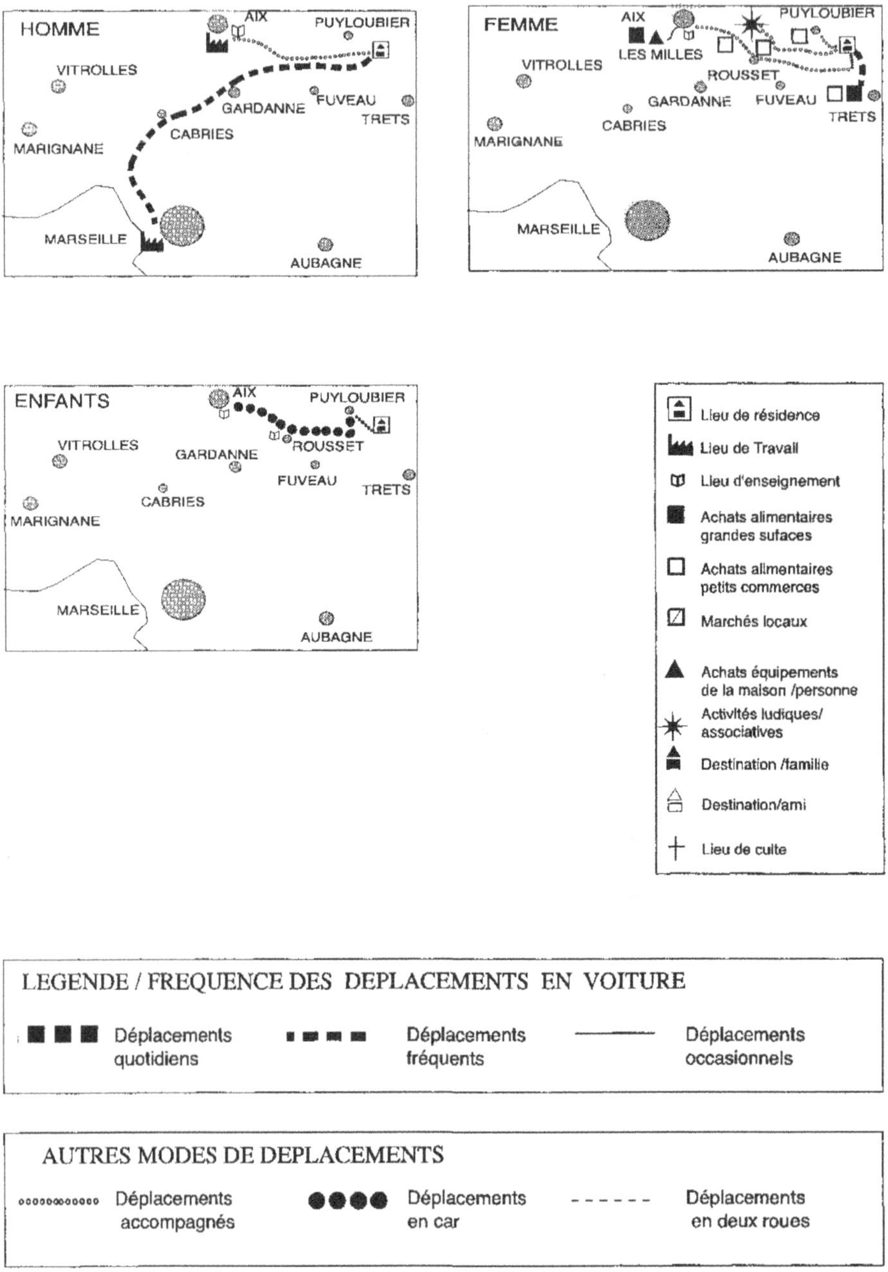

LIEUX / DEPLACEMENTS "CHOISIS"

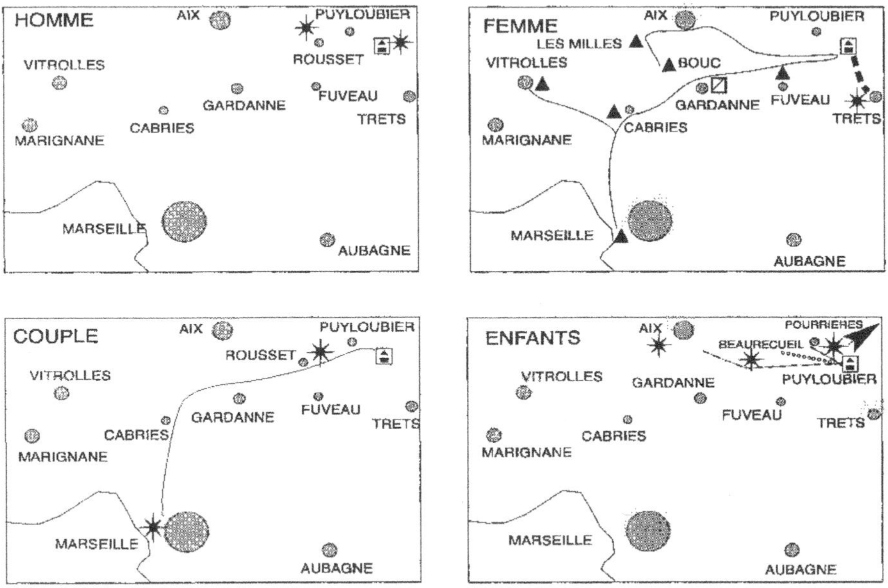

TERRITOIRES DES MEMBRES DE LA FAMILLE

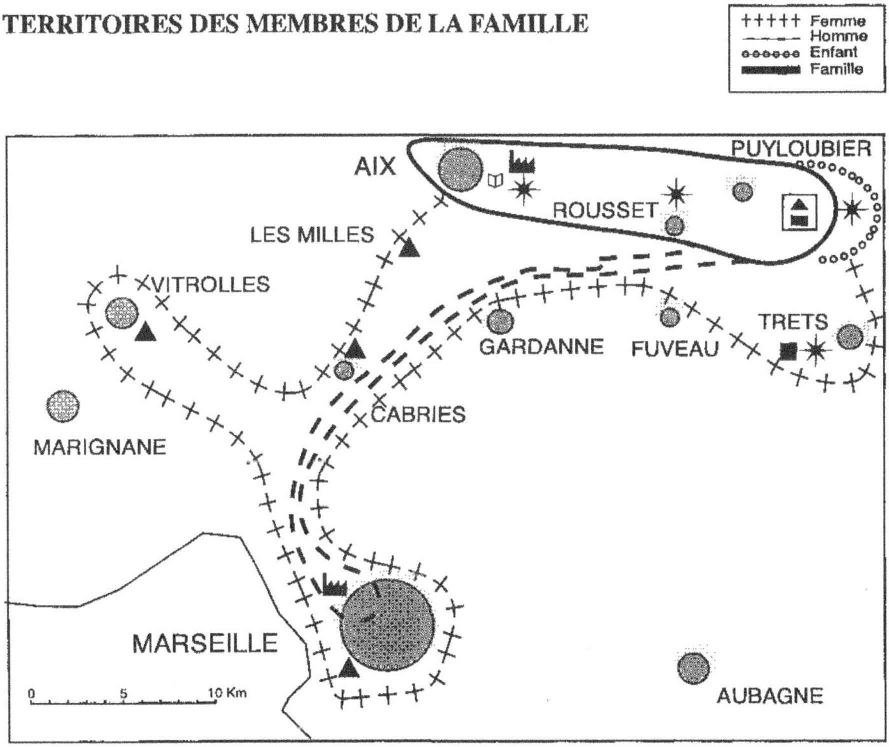

Cet "exercice" exige une démarche abstractive de la part des personnes réfléchissant aux lieux qui leur vraiment semblent importants, négligeant certains lieux au profit d'autres. Pour cette raison, le lieu de travail n'apparaît que rarement comme un lieu "important" dans la représentation des personnes.

La mise en carte comme méthode d'analyse des territoires

L'exploitation courante de ce type d'entretiens a été complétée par d'autres méthodes, notamment des techniques permettant de rapporter, plus que ne le permet le corpus mentionné précédemment, le contenu des entretiens à des contextes spatiaux, tels que peuvent en rendre compte les "cartes mentales", inspirées et dérivées de la démarche de Kevin Lynch[33]. Cette "mise en cartes", sur laquelle nous reviendrons plus amplement dans la seconde partie, s'est révélée essentielle pour faire apparaître les territoires associés à l'unité domestique et aux pratiques d'installation et de pérégrinations, ainsi que les valences positives et négatives affectées par le ménage et ses membres aux lieux de destination ou aux espaces d'accès à ces lieux.

Banalisant l'apport de Lynch, le recours aux "cartes mentales" a souvent débouché sur des produits secondaires d'une grande pauvreté, sorte de complément illustratif de l'exploitation du matériau principal. Nous ne souhaitions pas tomber dans ce travers et notre ambition était de faire de cette restitution, sous un mode cartographique, des territoires parcourus, un véritable d'outil de mise à plat des données relatives aux "territoires péridomestiques", mais aussi d'analyse comparée de ces pratiques, d'une famille à l'autre et d'un membre à l'autre de chaque famille, à partir de différents thèmes d'analyses pertinents. Ce travail nous paraissait indispensable pour donner le maximum de relief à notre hypothèse d'un "éclatement des territoires de la maison du périurbain" et mieux les définir en termes de rythme, de distance, de distribution, d'éclatement.

Cette "mise en carte" impliquait à la fois une grande précision dans l'extraction des réponses aux personnes interrogées, en même temps que la mise au point de techniques graphiques de représentation suffisamment bien élaborées. Ces dernières devaient permettre de distinguer d'abord différents niveaux pertinents d'analyse (selon les entités sociales considérées : familiale et individuelle, la nature des déplacements, la valeur qui leur est affectée) et de procéder ensuite à la réunion de ces données analytiques dans

33. Lynch K. (1969), *L'image de la cité*. Paris : Dunod.

une carte de synthèse révélant par superposition les territoires "mouvants" de la famille et la réalité de leur éclatement, posé en hypothèse.

Un exemple de "mise en carte" est présenté dans les figures qui précèdent[34], mais le résultat de l'exploitation de ce travail, mené sur l'intégralité de la trentaine de familles visitées, est développé dans la seconde partie. Ces relevés des trajets et destinations ont également permis de faire apparaître les effets de continuité ou de discontinuité de ces réseaux et territoires, les régularités qu'ils présentent d'un individu à l'autre de l'unité domestique, leurs décalages et leurs orientations contradictoires. Il est en effet important de connaître les mobilités de tous les membres de la famille, car la question des déplacements est souvent le résultat d'arrangements internes et de négociations serrées au sein du groupe domestique.

Les attendus d'une telle recherche

Malgré les travaux pourtant classiques de Henri Raymond et ceux, guère plus récents de Gérard Bauer, il a toujours été difficile de faire disparaître les soupçons, pour une part fondés, qui pèsent sur le pavillon dans les milieux de l'urbanisme, et en même temps de construire les bases de cet "urbanisme pour les maisons" qu'appelait de ses vœux G. Bauer[35].

Si la compréhension du rapport d'appropriation de l'habitant à son espace a eu raison d'un certain mépris qu'on lui vouait antérieurement, il reste sans doute à mieux comprendre le sens des territoires que le "rêve pavillonnaire" toujours intense a construits, dans un contexte social et territorial profondément modifié, en contribuant d'ailleurs, par sa réalisation, nécessairement partielle parce qu'impossible à étendre à tout le corps social, à détruire les valeurs dont il voulait se nourrir.

C'est pourquoi nous avons appuyé principalement notre investigation et notre réflexion sur les pratiques et les représentations des accédants à la "villa" périurbaine, en tentant de mieux faire apparaître dans leur propos, par l'orientation de nos questions et de nos relances, le rapport du projet domestique avec son contexte métropolitain, ce qui ne nous semble pas avoir été fait de manière suffisamment approfondie jusqu'à présent.

L'interprétation à laquelle nous avons abouti et la meilleure compréhension du fonctionnement de ces territoires et des significations qu'ils représentent, peuvent sans doute contribuer à ajouter, à la prise en compte de l'appropriation, plus ou moins acquise depuis les travaux de H. Lefebvre

---

34. Un certain nombre de planches présentant les territoires de la famille et des individus la composant figurent en fin d'ouvrage.

35. Bauer, G. (1979), *Un urbanisme pour les maisons*. Paris : UGE 10/18.

et H. Raymond, une plus grande attention aux logiques habitantes de structuration des réseaux et d'articulation de ces derniers avec les espaces construits, dont la maison. Elles éclairent d'une autre façon la notion d'habitat, selon nous réduite ou confondue avec celle d'habitation, et la notion de territoire, trop pensée dans les termes d'une gestion administrative et collective, ou d'un fonctionnement communautaire, alors que l'individuation marquant la société fabrique des territoires personnels mouvants, enfin la relation entre "repos" et "mouvement", chère à Cerdà, entre fixation et déplacement, pour le dire autrement, en faisant mieux apparaître l'intime association de ces deux états/dynamiques dans ce que nous avons appelé par ailleurs la "mobi-stabilité"[36].

36. "L'observation du plus intense mouvement comme du plus modeste nous montre assez rapidement comment la mise en mouvement est souvent suscitée par la quête d'une station, d'une position d'arrêt, d'un état stable." (Pinson, D. (1999), "De la mobi-stabilité", in *Urbanisme* n° 306, p. 84-89).

Première Partie

L'INSTALLATION EN VILLA DANS LES CAMPAGNES URBAINES

Chapitre 1

Des maisons entre Aix et Marseille

Comment appréhender la maison du périurbain et ses territoires ? Comment procéder : sur quelles maisons porter le regard, comment et où les sélectionner ? Le choix d'un certain nombre de familles et de maisons situées en périurbain pose, comme toute construction raisonnée d'objets destinés à être interrogés dans le cadre d'une enquête, de délicats problèmes de collecte. Les acquis de l'équipe de recherche, sa capacité, en termes de moyens humains, de disponibilité, doivent être pris en compte, comme l'ampleur du travail envisagé. La familiarisation avec l'espace socio-géographique où l'on compte mener l'enquête entre également en jeu.

Le choix des maisons en périurbain

Les maisons et les familles concernées par notre recherche ont dû répondre aux critères suivants : elles sont localisées dans le périurbain, d'une part, et sont impliquées dans l'étalement urbain, d'autre part. Or, si le périurbain concerne d'anciennes communes rurales intégrées à une aire urbaine, telle que la définit l'INSEE (voir chapitre 2), donc des entités composées, dans la région, de villages, accessoirement de hameaux, et de constructions plus récentes distribuées en lotissements ou isolées, l'étalement concerne, pour sa part, comme phénomène datant des années 60, la dernière catégorie d'immeubles mentionnée. Les choses sont sans doute un peu plus complexes, car si la périurbanisation est définie à partir de la population, et de son rapport, notamment en termes d'emploi, à un pôle urbain, notre recherche est également susceptible de s'intéresser à des familles occupant des "maisons de villages" qu'elles ont pu acquérir et réhabiliter. La sélection que nous avons opérée en tient compte, mais l'attention que nous avons portée à l'étalement dans notre recherche nous a conduit à n'apporter qu'une place secondaire à ce type résidentiel[1].

Ce préalable étant posé, les types de maisons et de familles à choisir peuvent être cernés assez aisément : ils appartiennent à des unités ou des ensembles construits, qualifiables par leurs caractéristiques urbanistiques et architecturales, d'une part, et à des milieux qui, sur le plan sociologique, ne sont pas sans entretenir un rapport assez étroit avec ces unités ou ces ensembles architecturaux, d'autre part. La chose est parfaitement logique puisque, historiquement, les concepts de maison et de famille sont confondus[2] : la maison situe logiquement son habitant dans l'échelle sociale. Cette équation est aujourd'hui discutable, dans la mesure où interviennent divers autres facteurs, liés à l'histoire personnelle du sujet (ascendants), à celle du conjoint, et au degré relatif d'homogamie que forme le couple, et à d'autres variables tels que la taille de la famille, les grands choix de son projet de vie, etc.

En fait la structuration des unités pavillonnaires, par leur inscription dans les zonages du POS (UA, NB, etc.), constitue un cadre permettant d'orienter, d'une manière suffisamment assurée, le choix des maisons pour les besoins de l'enquête. Elles appartiennent soit à des lotissements, donc des opérations d'ensemble contenant généralement entre 10 et 100 lots, de contenance variable (entre 500 et 2000 m2), soit à des propriétés isolées, constituées de constructions neuves réalisées en zones dites d'urbanisation diffuse (NB), ou plus rarement d'anciennes fermes réhabilités situées en zone agricole (NC) . Ces maisons abritent des familles elles-mêmes retenues dans un ensemble de ménages déjà identifiés par des enquêtes antérieures (c'était le cas de Cabriès) ou sélectionnées d'une manière raisonnée à partir de réseaux divers, et en s'appuyant sur les résultats des recensements pour contrôler leur représentativité sur telle ou telle commune.

Quels territoires d'inscription-installation ?

Qu'on le veuille ou non, on est bien contraint de se référer à l'entité territoriale que constitue la commune pour situer ces familles dans un environnement social et spatial, qui, à défaut d'être pertinent en regard de la vie périurbaine, reste le plus efficace en termes de mise à disposition de

1. Il a fait d'ailleurs l'objet d'une thèse : Canavèse S. (2001), *La revalorisation des centres historiques des communes périurbaines de l'aire Marseille-Aix-en-Provence*. Thèse de Doctorat, IAR, Université Aix-Marseille III.

2. Lévi-Strauss, C. (1987), "La notion de maison", entretien avec P. Lamaison in *Terrain* n° 9, p. 34-39.

données statistiques. Même si la réalité des interactions entre la maison, la vie professionnelle et la vie domestique ont depuis longtemps outrepassé le seul rapport à la commune (qui, depuis la décentralisation, donne l'autorisation de construire), on se trouve, en l'absence de ces données, fort démuni, en termes d'outils statistiques notamment, pour placer, positionner et comparer les objets ou les sujets qu'on étudie.

Pourtant, dès 1995, (et, bien avant lui, nombre de chercheurs[3]), le Conseil économique et social notait[4] : "Le territoire pertinent de l'habitat n'est pas celui de la commune. C'est à une échelle géographique à mi-chemin entre la commune et le département que se développe le 'bassin de vie', regroupant l'essentiel des fonctions de services, d'emplois et de logements. Dans les zones rurales, le périmètre d'intervention pourrait être proche de la notion de pays. Dans les zones urbaines, la taille nécessaire pour agir efficacement sur le marché foncier est l'agglomération. C'est à cette échelle que la planification urbaine acquiert une dimension suffisante."

Certes le caractère principalement qualitatif de notre méthode, fondée sur des entretiens semi-directifs (et qui, à ce titre, limite ses ambitions à l'étude d'une trentaine de "familles-maisons"), n'impose pas le recours à des éléments de nature statistique. Il nous a cependant paru judicieux d'avoir, comme données de cadrage général, un ensemble de références statistiques nous permettant de procéder, à l'échelle la plus fine qui soit publiée, celle de la commune, à la sélection de territoires particulièrement significatifs des dynamiques de périurbanisation. Or ces données sont celles de l'INSEE, fournies par les recensements.

Par ailleurs, si les pratiques des périurbains transgressent, pour bien des activités et déplacements, les limites de la commune, en dessinant des territoires personnels (dont tiendra compte la "grande distribution" dans la captation de la chalandise métropolitaine, par exemple), tout un ensemble de pratiques domestiques, qui iront de la demande de permis de construire à la déclaration de naissance, en passant par l'école et l'activité sportive, rentrent encore largement dans les prérogatives de la gestion municipale.

La sélection des "maisons-familles" à laquelle nous avons procédé n'est donc pas, pour toutes les raisons énoncées précédemment, dissociable d'une articulation à des territoires communaux. Si ces derniers ne répondent plus à l'échelle des territoires "mouvants" de la maison du périurbain, ils constituent par défaut, puisque aucune autre entité territoriale, entre le département et la commune, ne dispose encore des attributions qui lui

3. Voir à ce sujet Ascher, F. (1995), *Métapolis ou l'avenir des villes*. Paris : Odile Jacob.
4. Conseil économique et social (1995), *La question foncière*, Paris.

permettraient de gagner une reconnaissance supérieure, un territoire politique et administratif de référence. Le caractère de centralité (souvent plus symbolique qu'effectif) et le paysage visible du village perché provençal (c'est presque une constante) ne sont d'ailleurs pas sans appuyer encore la puissance de cette référence.

Présentation des terrains-communes choisis[5]

Nous avons donc retenu, comme terrains d'enquêtes, les communes de Cabriès, Fuveau et Puyloubier. Elles sont situées dans le périmètre de l'aire urbaine d'Aix-Marseille, plus précisément entre Aix-en-Provence et Marseille. Ces deux villes et la mégalopole qu'elles tendent à former avec l'ensemble plus hétérogène en formation autour de l'étang de Berre, représentent en effet des terrains tout à fait intéressants en regard des phénomènes de métropolisation et de périurbanisation. Agies par des facteurs valables pour d'autres régions, les dynamiques de périurbanisation n'y sont pas étrangères, non plus, ni à l'attraction "héliotropique" de la région PACA, ni à la qualité paysagère de ses sites, ni à des formes de production (hautes technologies) et de consommation ("grande distribution") en fort développement dans la région.

Les communes retenues ont connu un accroissement démographique en relation directe avec le dépeuplement des grands centres au profit de la périphérie. Situées dans l'espace périurbain de l'aire marseillaise et aixoise, elles sont caractérisées par des périodes d'urbanisation et des peuplements différents. Cabriès et Fuveau, situées entre Aix et Marseille, la première à proximité de l'autoroute Aix-Marseille, l'autre plus à l'est, à proximité du vieux bassin industriel de Gardanne, sont, selon les définitions de l'INSEE, des pôles urbains. Puyloubier, nichée au pied de la Sainte-Victoire, à l'est d'Aix, est une commune périurbaine de type rural. Ces situations différenciées, et d'autres traits que nous détaillerons plus loin, ont été volontairement choisis pour restituer l'image la plus complète possible des différentes formes d'installation, de pratiques et de représentations présentes chez les familles résidant en périurbain, dans cette partie de l'aire considérée, étant entendu que bien d'autres situations à l'est ou à l'ouest mériteraient également d'être étudiées.

5. La lecture de ce chapitre, largement descriptive et statistique, n'est pas indispensable à la compréhension de la recherche.

Cabriès, une vieille "campagne urbaine"

Cabriès (7720 habitants en 1990), situé entre Aix et Marseille, est un village perché qui a d'abord reçu l'installation de "cabanons"[6] sur son territoire, et vu se poursuivre son urbanisation, dans les années 70, avec l'arrivée massive de Marseillais, puis, à partir des années 80, la venue de cadres aixois ou étrangers à la région. Son territoire, très étendu, englobe une partie de l'importante zone commerciale de Plan de Campagne, et un lieu-dit, Calas, massivement urbanisé sous forme de lotissements. Le reste du territoire communal est caractérisé par un fort "mitage"[7] des anciennes exploitations agricoles, qui ont pratiquement disparues, au fil des révisions de POS, et une part importante de zones NB[8].

Sa position stratégique, la proximité de grands équipements[9], la manne de la Zone d'activités commerciales de Plan de Campagne, qui a facilité la réalisation de nombreux équipements, placent cette commune au cœur d'un système hautement sélectif. Cabriès fait partie de la couronne "aisée" du Pays d'Aix[10], avec une sur-représentation des cadres supérieurs (24% en 1990) et des retraités. Cabriès, c'est à la fois un piton rocheux sur lequel est construit le vieux village et autour duquel se sont développés de l'habitat diffus ainsi que des lotissements. Mais c'est aussi le hameau de Calas, seulement distant de deux kilomètres du "piton", suffisamment identifiable pour que beaucoup de personnes extérieures croient qu'il s'agit de deux communes distinctes.

Quelques éléments d'histoire

La commune était un village essentiellement rural. On y cultivait la vigne, l'ail et les céréales. Le "piton" constituait le village proprement dit, cependant que le hameau de Calas était habité par des ouvriers. On trouvait aussi sur la commune des bastides et des fermes isolées. À l'origine, il existait deux fiefs, celui de Cabriès, avec son château perché sur le "piton",

---

6. Le "cabanon" désigne, dans la culture résidentielle locale marseillaise, une petite maison construite en "dur" destinée à la villégiature dominicale.
7. Métaphore désignant la prolifération discontinue des pavillons en périphérie des villes.
8. L'article R 123.18 du code de l'urbanisme les définit ainsi : "Zones desservies partiellement par des équipements qu'il n'est pas prévu de renforcer et dans lesquelles des constructions ont déjà été édifiées". Dans les Bouches du Rhône, elles représentent 4% du territoire alors que ce pourcentage atteint seulement 2% sur le reste du territoire national (Rieg, C., Rougny, I. (1999), *Les zones NB à Cabriès*, Mémoire de DESS, IAR, Université Aix-Marseille III) .
9. Liaisons routières et autoroutières Aix Marseille-Marignane, gare TGV de l'Arbois.
10. AUPA (Agence d'Urbanisme du Pays d'Aix) (1998), *Programme Local de l'Habitat du Pays d'Aix*, Aix-en-Provence.

et celui de Calas, dit de Trébillanne, du nom d'un autre ancien château, transformé depuis en maison des associations.

Dans l'entre-deux guerres, un nombre assez important de "cabanons" (sans eau ni électricité) a été construit sur la commune par des Marseillais, qui, arrivant à Cabriès en tramway, y passaient le week-end ou les vacances. Après les bombardements de Marseille, qui contraignent une partie de la population à un relogement à Cabriès, en particulier des habitants du Vieux Port et de La Belle de Mai, d'autres habitations seront construites autour de Calas, manifestations d'un développement modéré qui s'accentuera dans les années 50.

Des tensions existent depuis toujours entre "Calassiens" et "Cabrésiens", parmi les anciennes générations, mais aussi parmi les générations nouvelles nées sur la commune. Les Cabrésiens se sentent parfois délaissés, les Calassiens souhaitant, pour leur part, que la mairie soit déplacée à Calas. Entre Calas et Cabriès, on a construit le collège communal ainsi qu'un très grand complexe sportif.

Ainsi de nos jours, la commune dispose de deux mairies (la mairie centrale est sur le "piton", la mairie annexe est à Calas), deux églises (seule, celle de Calas est ouverte), deux bureaux de poste, deux tabacs, deux boulangers... En termes d'équipements, la zone commerciale de Plan de Campagne se situe en partie sur le territoire de la commune. Sur le "piton", il n'y a pratiquement plus de boutiques, et seuls quelques petits commerces de proximité résistent à Calas, à côté des lotissements. La vie associative est très active sur l'ensemble de la commune (42 associations diverses, 19 associations de lotissements et 12 associations sportives) .

Les premiers signes de la périurbanisation

Les années 50 annoncent de véritables mutations : les "cabanons", forme de villégiatures secondaires, cèdent rapidement la place aux résidences principales. Les agriculteurs de la commune, grâce aux installations d'arrosage par aspersion réalisées par le Canal de Provence, se sont lancés dans le maraîchage, mais rencontrent rapidement des difficultés : les charges d'exploitation augmentent rapidement, le prix des engrais est multiplié par deux, sans que cette hausse puisse être répercutée sur le prix de vente. De plus les terres de cette zone sont dites "terres froides" : elles souffrent d'un microclimat défavorable.

Malgré les efforts pour mécaniser les exploitations, les revenus de cette nouvelle activité se révèlent insuffisants pour couvrir les emprunts contractés. La pression foncière incite dès lors les agriculteurs à vendre de nombreuses parcelles, l'agriculture s'avérant moins rentable que la vente des terres pour la construction. C'est ainsi qu'apparaissent les premiers lotissements, début d'une urbanisation que viendra encore conforter un important développement de voies routières et autoroutières. À la CD9, liant Aix à Marignane, se sont ainsi ajoutés le premier tronçon de l'autoroute Aix/Marseille, puis le complément de liaison Aix/Marseille par l'A51, les liaisons Aix/Berre (A8), et Marseille/Salon (A7). Le développement initialement non planifié de la zone commerciale de Plan de Campagne, présentée en 1999 comme la deuxième installation européenne de cette nature en Europe, viendra couronner un processus d'urbanisation autrement intense que celui que la puissance publique avait impulsé dans le cadre de la planification des métropoles d'équilibre[11].

La démographie cabriésienne

Depuis 1968, la commune a connu un fort développement démographique. Mais l'explosion concerne surtout la période qui va de 1975 à 1982 : le taux annuel moyen de croissance est de 9,1% contre 2,9% entre 1982 et 1990. En 1975 la population était de 3328 habitants, elle atteignait 7732 habitants en 1990. Aujourd'hui, la commune accueille environ 8000 habitants.

Si l'on porte attention à leur origine géographique, on constate qu'en 1990, 980 Cabrésiens habitaient Marseille et 280 habitaient Aix, lors du recensement précédent, en 1982. Cabriès est par ailleurs une commune qui garde ses habitants, et particulièrement ceux qui sont situés dans la tranche d'âge des 40-59 ans. En 1990, 63,1% des 40-59 ans habitaient le même logement qu'en 1982, contre 26,4% pour les 30-39 ans.

Le poids des cadres est important sur la commune : 24% (RGP 1990). En revanche, employés et ouvriers sont faiblement représentés, respectivement 9,3 et 9,2%. Nous trouvons ainsi à Cabriès les caractéristiques d'une commune aisée : un marché foncier élevé, un taux de chômage faible, un revenu moyen par foyer fiscal élevé (127 114 F en 91 contre 96 951 F à Aix la même année). Seulement 6% des ménages ne possèdent pas de voiture, et 55% en ont deux ou plus.

L'offre de transports collectifs reste faible et ne propose pas d'alternatives suffisantes à l'utilisation de la voiture particulière. En effet, 74,3% des actifs ayant un emploi travaillent dans une autre commune, principalement à Marseille (33% des navettes), puis à Aix (15% des navettes) et autour de l'étang de Berre (10% des navettes).

11. Holyst, C. (1984), *La diffusion urbaine*, Mémoire de DESS, IAR, Université Aix-Marseille III.

L'explosion pavillonnaire

Une campagne publicitaire de Kauffman et Broad, dans les années 70, destinée à la vente de pavillons, met en avant les atouts de situation et d'infrastructures viaires dont bénéficie Cabriès : "Au Domaine de Calas, vous vivez à la campagne, tout en étant à 4 km de l'autoroute (sortie Plan de Campagne), à 10 mn d'Aix-en-Provence et à 20 mn du Vieux Port de Marseille, 15 mn vous suffisent pour vous rendre à l'aéroport de Marignane, 30 mn pour aller à Fos par l'autoroute"[12].

Entre 1968 et 1990, près de 1255 logements (hors diffus) ont été construits lors d'opérations groupées ou dans des ZAC. Ils ont accueilli plus de 4200 habitants. Les nouveaux lotissements se répartissent essentiellement autour du centre ancien de Calas. À l'ouest de la Nationale, il s'agit plutôt de lotissements "haut de gamme". À l'est de la Nationale, les lotissements, plus petits, sont aussi plus modestes, sans pour autant être "bas de gamme" (Champfleury). En revanche, sur le versant Sud du "piton", et entre les deux centres anciens, nous trouvons d'importantes zones NB.

Par sa situation privilégiée entre Aix et Marseille, la commune présente ainsi une attraction grandissante, qui entraîne la hausse des terrains constructibles et des phénomènes de gentrification. Aujourd'hui, il faut en effet compter entre 600 000 et 700 000 F pour l'achat d'un terrain de 4000 m2 (superficie minimale en zone NB). Les maisons les moins chères se revendent entre 600 000 F et 800 000 F (lotissement du Petit Lac) et celles du "haut de gamme" commencent à 1,8 million de Francs (Domaine de Calas). En habitat diffus, les prix oscillent entre un et deux millions de Francs.

Evolution du nombre d'autorisations de logements 1975 et 1993

1975	1976	1977	1978	1979	1980	1981	1982	1983
35	139	85	39	69	76	55	118	60

1984	1985	1986	1987	1988	1989	1990	1991	1992	1993
54	26	23	25	22	20	22	13	26	3

1973 et 1977, source DRE SIROCCO SICLONE

L'absence de diversité de l'habitat, au sens de la "Politique de la ville", caractérise le marché immobilier cabrésien. Les logements sociaux sont en effet peu nombreux (quatre prêts locatifs aidés ont été accordés à l'école de lads du centre hippique ; en 1995, le Clos Imbert, un ensemble de 32

12. Meyer-Heine, G., Bellon, H., Amphoux, N., Boutière, J. (1976), *L'investissement des espaces naturels provençaux par l'urbanisation*, IAR, Université Aix-Marseille III.

logements a été réalisé par SAMOPOR, une SA HLM). Il y a surtout un parc social "de fait" autour du château de Cabriès. Aujourd'hui, on assiste à une forte demande des enfants du périurbain cabrésien, désireux de trouver à se loger en dehors d'un parc locatif privé ne correspondant pas à leurs moyens. En 1998, vingt logements sociaux sont en cours de réalisation à Calas, dans le cadre du Programme Local de l'Habitat[13].

Nous verrons que ce type d'initiative est souvent loin d'être approuvé par une partie des habitants des lotissements, comme d'autres évolutions mal appréciées dans leurs effets futurs telle que l'ouverture de la gare TGV de l'Arbois desservant Aix-en-Provence.

Fuveau, une composante populaire (ouvrière)

Fuveau comptait 6413 habitants en 1990. C'est aussi un village perché, au bord de la vallée de l'Arc, au pied du massif forestier de la Sainte-Victoire. Située à 14 km au sud-est d'Aix-en-Provence et à 28 km au nord de Marseille, la commune, reliée à ces deux villes par d'anciennes nationale et départementale, dispose aujourd'hui d'un accès rapide aux infrastructures autoroutières[14].

Fuveau appartient à la Communauté de Communes des Monts Auréliens/Sainte-Victoire, avec les communes de Puyloubier, Rousset, Trets, Peynier, Beaurecueil, Saint-Antonin et Pourcieux. Trets est, à l'égal de Fuveau, une commune importante : 7900 habitants en 1990. Rousset a pour sa part une vocation industrielle ancienne, mais aussi réactivée dans le secteur des nouvelles technologies. Puyloubier, Beaurecueil et Saint-Antonin sont, à la différence, de petits villages situés dans le secteur sauvegardé du massif de la Sainte-Victoire.

Quelques données d'histoire

Fuveau est un village très ancien, à vocation d'abord rurale, mais aussi, au XIXe siècle, industrielle, avec l'exploitation de son sous-sol carbonifère. Au début du siècle, Fuveau compte environ 1800 habitants. La présence des

---

13. Les principaux motifs de demande de logements sociaux sont : la décohabitation des jeunes qui ne trouvent pas où se loger sur la commune (d'ailleurs la volonté municipale est clairement affichée de garder les jeunes Cabrésiens sur la commune), le rapprochement familial, les problèmes socio-économiques des familles mono-parentales en progression à Cabriès (8,5% des ménages cabrésiens en 1990), le rapprochement du lieu de travail, notamment avec les pôles économiques voisins en développement.

14. La commune est reliée à ces pôles par la RN 96 (Aix-Marseille) et le CD 6 (Gardanne-Trets), et par les autoroutes A8 (Paris-Nice) et A 52 (Aix-Toulon) avec les péages de la Barque et du Canet de Meyreuil.

mines, à Fuveau comme à Gardanne, entraîne l'arrivée d'immigrés originaires de différents pays d'Europe (Italiens, Polonais...). De cette époque remonte un fort antagonisme entre catholiques et laïcs lié à l'opposition entre l'église et le milieu mineur. Cette opposition n'a toujours pas disparue, suscitant des rivalités entre les habitants du noyau villageois ancien et les nouveaux habitants, au sein du pouvoir local en place, comme entre les deux écoles primaires, l'une publique et l'autre privée (800 élèves).

Les années 60 offrent par conséquent, suite à cette première vague migratoire, une mosaïque de peuplement, et, finalement, peu de Fuvelains de souche. Une immigration maghrébine suivra, coïncidant avec l'installation d'un camp harki dans le quartier de la Barque. Cette période est aussi marquée par le phénomène du "cabanon". Jusqu'en 1975, Fuveau enregistre une lente progression démographique et reste à l'écart de la première phase de périurbanisation. La commune tarde à établir un POS, les "cabanons" peuvent s'agrandir sans difficulté, et la pression foncière reste, jusque dans les années 70, assez modérée.

La première périurbanisation

Dans les années 80, les zones d'attraction d'Aix et Marseille ont trouvé des points de convergence sur les parties sud-est d'Aix ou nord-est de Marseille, notamment dans la Vallée de l'Huveaune. Les communes qui ont connu le premier mouvement de périurbanisation commencent à connaître une certaine saturation, et la demande se reporte alors un peu plus loin, vers la Haute Vallée de l'Arc, où de nombreuses communes se sont, dans un premier temps, ouvertes à l'urbanisation.

Fuveau, bien placé en regard de bassins d'emplois anciens qui se maintiennent (Gardanne) et des infrastructures routières modernisées, commence ainsi à affirmer sa mutation en commune résidentielle : la demande en logements s'y fait sentir et les premiers lotissements voient le jour (La Bégude et le Lotissement du Stade). Le désir toujours fort d'accession à la propriété a amené par ailleurs les constructeurs et les ménages vers des espaces plus isolés, satisfaisant leur désir de campagne. L'urbanisation s'étend alors en zones NB, avec peu de nouveaux lotissements.

La deuxième périurbanisation

Fuveau et Trets continuent, aujourd'hui, sur cette lancée. La pression immobilière y est toujours très forte, avec une envolée du prix des terrains qui a pour conséquence la venue de populations plus aisées. Les autres communes, notamment celles qui sont au pied de la Sainte-Victoire, après avoir satisfait une première demande, sont aussi conscientes d'être dans un site privilégié, et freinent pour cette raison (et pour l'instant), toute urbanisation, ce qui renforce encore la pression sur Fuveau et Trets.

Par ailleurs les importantes mutations économiques en cours, tendant à faire de la Haute-Vallée-de-l'Arc un ensemble dédié aux hautes technologies, provoquent une diversification de la demande qui interroge les politiques à mener en matière de réserves foncières pour les activités et l'habitat. Si cette demande a pu émaner au départ de la périurbanisation liée au dépeuplement de Marseille et dans une moindre mesure d'Aix, elle est désormais largement induite par les implantations dans la zone industrielle de Rousset.

Évolutions démographiques récentes

On assiste, depuis les années 80, à de fortes mutations sociographiques. Fuveau enregistre ainsi un important essor démographique, qui entraîne le rajeunissement de sa population. Si en 1962, la commune avait tendance à perdre ses habitants (tranche adulte proportionnellement moins importante en 1962 qu'en 1982), à partir de 1982, au contraire, l'apport de familles nouvellement installées grossit la tranche adulte et celle des jeunes[15]. Cet accroissement est dû à un solde migratoire très important.

Les communes de la vallée de l'Arc ont d'abord reçu essentiellement, dans les années 80, des personnes venant de Marseille ou d'Aix, la plupart du temps jeunes couples avec enfants appartenant aux classes moyennes et supérieures (30,3,% de moins de 20 ans en 1990 contre 25,4% dans le département). La catégorie "employé" y occupe une place importante. Ces nouvelles populations se mêlent au peuplement déjà hétérogène inscrit sur le temps long du village.

Les données INSEE de 1990 permettent de constater une certaine mixité avec toutefois une sur-représentation des professions intermédiaires (20,10% alors que la moyenne du département est de 13,8%) et des ouvriers (20,50% contre 18,81% dans le département). Nous avons donc une population qui n'a pas une image sociale très marquée. On n'y observe pas la prédominance des cadres supérieurs, caractéristique de la périphérie aixoise, et de Cabriès notamment. On observe par contre une représentation ouvrière non négligeable, partie prenante du bassin de Gardanne. Les retraités sont pour leur part dans une proportion inférieure à celle des Bouches du Rhône (25,90% contre 28,64%), ce qui accentue le caractère de relative jeunesse de la population fuvelienne. La part représentée par les

15. Weil, G. (sous la direction de...) (1987-1988), *Fuveau, une commune en mutation*, séminaire de DESS, IAR, Université Aix-Marseille III.

agriculteurs y est désormais très faible, et seules, les communes voisines de Puyloubier et de Saint-Antonin conservent des pourcentages encore relativement élevés d'agriculteurs (8 et 5%).

La seconde mutation, contemporaine des années 90, correspond à l'arrivée de cadres venus du Nord de la France, qui se heurtent à des "valeurs provençales", tandis que la troisième mutation, en cours, concerne un apport de populations étrangères, essentiellement américaines et japonaises, qui posent elles aussi des problèmes notamment sur le marché de l'habitat. Ces deux dernières catégories de populations nouvelles sont liées à l'arrivée, notamment à Rousset, site particulièrement attractif, d'entreprises tournées vers les nouvelles technologies de l'information.

Les années 80/90 ont donc encore contribué à la diversification de la population de ces communes. La vague des nouveaux arrivants des années 80/90 correspond notamment à des personnes ayant fait le choix de venir vivre à la campagne, à proximité de leur travail, et à la recherche d'un cadre de vie marqué par ce qu'elles appellent, nous le verrons, "une certaine tranquillité", mais aussi une qualité paysagère très forte. Pour cette raison, ces habitants ne souhaitent pas que l'urbanisation se poursuive.

Conséquence en termes d'urbanisation

En l'espace d'une trentaine d'années, la création du réseau autoroutier, la forte demande de logements, la cherté du foncier des communes les plus proches d'Aix et de Marseille, ont concouru à faire entrer Fuveau et d'autres communes de la vallée de l'Arc dans le second mouvement de périurbanisation.

Au plus fort de leur accroissement démographique, les communes de Fuveau et Trets (à la différence d'autres, notamment Puyloubier - décrite plus loin - plus marquées par leur vocation agricole, notamment viticole), ont multiplié les autorisations de construire, sans grande rigueur. Elles se retrouvent aujourd'hui confrontées à des problèmes de réseaux de desserte (voirie, adduction d'eau potable, enlèvement des ordures ménagères, etc.). Depuis 90, les demandes de permis de construire sont cependant freinées par les élus, et cette limitation n'est pas sans peser sur le prix des terrains et des maisons : il faut compter 500 000 F pour un terrain de 4 000 m2 (minimum constructible) et les prix des maisons tournent entre un et 1,5 millions de Francs.

Dans l'ensemble, la Haute-Vallée-de-l'Arc, passée pour une large part d'une vocation agricole à celle de zone périurbaine résidentielle, voire de zone technopolitaine, est désormais soucieuse de préserver son environnement, tout en développant ses capacités économiques. Elle est ainsi confrontée à des choix difficiles, face aux nouvelles formes d'attente foncière des entreprises, aux pressions des promoteurs et à l'explosion des exigences particulières en vue d'autoriser l'ouverture à l'urbanisation.

Questions d'urbanisme posées à Fuveau

Devant l'afflux de population nouvelle, Fuveau doit s'équiper, car la commune dispose de peu d'infrastructures. Le POS en vigueur entre 1980 et 1989 restait à cet égard très laxiste. Il existait alors une offre importante de terrains constructibles à 4000 m2, situés en zones NB et qui sont à cette époque peu chers. Dans le centre ancien, très délabré, une OPAH (Opération programmée d'amélioration de l'habitat) est lancée avec peu de résultats.

La révision du POS, en 1989, affiche la volonté d'une plus grande maîtrise de l'urbanisation : emplacements réservés pour les aménagements publics, blocage des lotissements, de l'extension des “cabanons” de 35 m2 à 70 m2, renforcement des zones ND, et passage de la superficie autorisant la construction en zones NB de 4000 à 10 000 m2. L'OPAH est relancée, des aménagements publics sont créés : deux écoles, une crèche, un parking souterrain sous l'école. Le collège a été construit en 1992/93 et un gymnase en 1994. Trois zones d'activités industrielles sont prévues : Saint-Charles, La Barque, et une autre vers Gardanne. La commune s'est donc engagée dans la réalisation d'investissements lourds qui lui occasionneront des problèmes financiers dans les années 90.

Evolution du nombre d'autorisations de logements

1975	1976	1977	1978	1979	1980	1981	1982	1983	1984
74	44	48	46	41	56	65	125	63	130

1985	1986	1987	1988	1989	1990	1991	1992	1993
60	66	65	85	51	69	40	46	29

1975 ET 1993 SOURCE DRE SIROCCO SICLONE.

Fuveau est par contre un village relativement bien équipé au niveau des commerces et dispose aussi d'une vie associative très active. Les Fuvelains sont sensibles à leur cadre de vie et à leur environnement. Ils sont particulièrement attachés à certains espaces boisés (espaces naturels et parc Saint-Michel) et au vieux village en tant que symbole identifiant. Fuveau reste cependant une des communes les plus “mitées” du département. Le rapport du POS souligne que “le rythme annuel de la construction a doublé à partir de 1982 (75/82 : +12,6%, 82/89 : +25%) alors que dans le même temps, il a été abaissé d'un tiers dans le Bassin de l'Arc (30,6% à 21,1%) et presque de moitié dans le département...”. La quasi totalité de la production de logements se réalise en individuel et plus particulièrement en zones NB. Le "mitage" est donc caractéristique de l'urbanisation à Fuveau, il représente 850 hectares soit 32 % de la surface totale de la commune[16].

Puyloubier, une permanence rurale

Puyloubier (environ 1450 habitants en 1996) est un cas particulier en comparaison de Cabriès et de Fuveau. Les choix d'installation récente dans ce village, à vocation rurale, situé dans le secteur sauvegardé de la Sainte-Victoire, peuvent y être considérés comme atypiques : ils concernent soit des retraités, soit des personnes ayant des revenus élevés, et une proportion importante de résidences secondaires. Bien qu'en dehors du mouvement de périurbanisation proprement dit (au sens de l'INSEE), Puyloubier voit l'installation d'un certain nombre de ménages, certes en petite quantité, mais de manière régulière.

Depuis 1990, les personnes qui y achètent une maison sont plutôt des anciens locataires, des personnes venant d'Aix et de Marseille, mais la proximité de Rousset (pôle de haute technologie) draine une population où figurent en bonne place les cadres supérieurs. Nous avons estimé à cet égard qu'il était intéressant de comprendre les motivations de ces installations, à l'écart des pôles urbains.

Le village est resté marqué par son caractère rural : il tient à préserver cette image et il semble qu'il existe des difficultés d'intégration pour les nouveaux arrivants, même s'ils sont là depuis 15 ans : "on reste toujours un étranger". On y mentionne des problèmes d'insécurité (vol de voitures et cambriolages) et la mairie s'inquiète des "jeunes qui traînent".

La population et son évolution

La croissance démographique a été très forte entre 1975 et 1982 (+ 4,96%), mais depuis la tendance est à la baisse, avec un très faible taux d'augmentation entre 1982 et 1990, essentiellement dû à l'apport migratoire. On note en effet aujourd'hui une forte présence de cadres et de professions intermédiaires (18, 52% de chacune de ces deux catégories). En dépit de cet apport, Puyloubier reste marqué par l'importance de ses activités agricoles, même si l'on observe leur affaiblissement entre les deux derniers recensements (8,33% d'agriculteurs en 1990 contre 11,2% en 1982).

---

16. Bellon, H., Guérin, R., Tirone, L. (sous la direction de...) (1998), *Zone industrielle et logique habitante : le cas de Fuveau-Peynier-Rousset*, Séminaire de Maîtrise, IAR, Université Aix-Marseille III.

Puyloubier est aussi un village de retraités (le recensement de 1990 donne 32,41%, taux que contribue à alourdir la Maison de Retraite de la Légion Étrangère). Les résidences secondaires y sont d'ailleurs nombreuses en proportion des habitations principales (17% ; elles ne comptent que pour 10% à Fuveau). Beaucoup de personnes s'y établissent en effet pour y passer leur retraite. Indépendamment de sa relation à la Sainte-Victoire, le village se targue aussi de son attrait touristique : la commune possède sept bâtiments remarquables (église, chapelles...).

L'équipement de la commune

Dix-sept activités commerciales sont recensées sur la commune : trois alimentations, un coiffeur, un magasin de sport, un taxi, un transporteur, une coopérative vinicole, cinq caves vinicoles, un bar restaurant, deux restaurants, un bar-tabac-presse. En terme de services et d'équipements publics, la commune dispose d'une crèche, d'une école maternelle et primaire, d'une bibliothèque, d'une salle des fêtes, d'une salle de sport, d'un terrain de foot, d'un terrain de basket, de deux courts de tennis, de deux musées et d'un camping municipal.

Les pratiques de mobilités orientent les habitants vers Trets, Gardanne, et Aix - Les Milles[17] pour la consommation et vers Rousset, Les Milles, Vitrolles pour le travail. À cet égard les liaisons au réseau urbain local mettent le village à l'écart des grands infrastructures de circulation. Cette situation rend le recours au véhicule personnel inévitable, d'autant que 55% des actifs travaillent hors de la commune (30% à Aix, 13% à Marseille, 18% à Rousset et 10% à Trets). La desserte par les transports en commun est en effet médiocre : un car assure deux aller-retours par jour vers Aix (plusieurs arrêts existent sur la commune) et les enfants de la commune ont à leur disposition un car scolaire mis en place par le SIVOM de la Haute-Vallée-de l'Arc, assurant le transport vers les collèges de Rousset et de Trets.

L'ouverture aux constructions nouvelles

La commune étant située au pied du site classé de la Sainte-Victoire, une Zone de Protection Spéciale interdit toute construction sur la partie nord de son territoire, cependant qu'une Zone Naturelle d'Intérêt Ecologique Faunistique et Floristique et une Zone d'Intérêt Communautaire pour les Oiseaux la déconseillent. Il existe également sur la commune 1000 hectares d'espaces boisés classés, où, là aussi, l'occupation du sol est sévèrement réglementée.

---

17. Village situé au sud-ouest d'Aix, accueillant une zone commerciale et plusieurs zones d'activités.

En dehors du noyau villageois et de son habitat ancien, il n'y a qu'un lotissement, le long de la rue des Ecoles : le lotissement Sainte-Victoire. Il date de 1982 et totalise 30 lots. La plupart des maisons y sont en location. Le reste des constructions, disséminées en direction de Rousset et Trets, est composé de fermes, et d'un habitat diffus formé par d'anciens "cabanons" reconstruits et quelques habitations récentes.

Evolution du nombre d'autorisations de logements

1975	1976	1977	1978	1979	1980	1981	1982	1983
8	21	13	15	12	8	9	10	7

1984	1985	1986	1987	1988	1989	1990	1991	1992	1993
8	11	9	14	4	9	7	4	4	7

1975 ET 1993 SOURCE DRE SIROCCO SICLONE.

Le POS de la commune prévoit en effet plusieurs zones NB à 4000 m2, 10 000 m2 et 30 000 m2. Le POS en vigueur sur la commune (1991) réserverait cependant encore quelques terrains disponibles à la construction[18] de 1 000 m2 en zones UD et de 10 000 m2 en zones NB2. Les prix des terrains sont à peu près identiques à ceux de Fuveau. Il faut compter 500 000 F pour 4 000 m2 de terrain. Les 1 000 m2 se négocient à 400 000 F. Il y a très peu d'offres.

Nous nous sommes principalement arrêtés, dans ce premier chapitre, sur le développement de certaines communes de l'Aire Métropolitaine d'Aix-Marseille, saisies par le mouvement de périurbanisation. Considérées comme les plus exemplaires de ce mouvement, elles présentent cependant des figures contrastées, du point de vue de leur situation, de leur histoire, de leur intégration ou de leurs proximités à des ensembles originaux (Plan de Campagne, bassin minier de Gardanne, Sainte-Victoire), dont nous verrons qu'ils agissent fortement sur les installations, les pratiques et les références identitaires des familles que nous avons retenues.

C'est donc au sein de ces communes, diversement atteintes par la périurbanisation, qu'ont été choisies les familles-maisons enquêtées. Si la commune ne constitue plus aujourd'hui le niveau le plus pertinent pour

18. Bellon, H., Tirone, L. (sous la direction de...) (1998), *Études des communes de Puyloubier et Beaurecueil*, Séminaire de Maîtrise, IAR, Université Aix-Marseille III.

penser l'habitat, tant en ce qui concerne sa production (c'est assez largement la raison d'être des Programmes locaux d'habitat – PLH –), qu'en ce qui concerne les pratiques domestiques et péridomestiques des familles, elle reste, compte tenu des données statistiques rassemblées sur ce type de territoire et la possibilité qu'elles offrent pour planter le "cadre" contextuel des maisons que nous y avons ensuite sélectionnées, une référence démo-spatiale incontournable.

Chapitre 2

De la périurbanisation à la "campagne urbaine"

La population résidente reste le critère fondamental pour l'observation des villes. En dépit des évolutions qu'elles ont subies, en particulier au cours du siècle passé, on n'a jamais sérieusement pensé, dans les milieux scientifiques (et à moins de tordre à la déformer la typologie urbaine weberienne[1]), caractériser fondamentalement les villes autrement que par le nombre de personnes au lieu de résidence. La ville en somme, c'est d'abord un nombre d'habitants, qui permettra de juger si elle est grande ou petite, et plus précisément un nombre de personnes en demeure permanente.

Les approches de la périurbanisation

Cependant une difficulté plus grande pèse encore sur la définition de l'établissement humain particulier que constitue la ville, et qui ne renvoie plus simplement au critère de taille (fort ancien : il suffit de se rappeler le débat qui tranchait de la qualité urbaine d'une commune selon qu'elle avait 2 000 ou 5 000 habitants), mais à celui de sa distinction d'avec la campagne.

Un vieux débat

Nous devons sans doute l'acuité de ce débat au XIXe siècle, marqué par le phénomène spécifiquement urbain qu'a constitué l'industrialisation. Certes une lecture marxiste de l'histoire des villes pourrait donner à penser que "la contradiction entre la ville et la campagne" constitue un trait caractéristique des sociétés marchandes. Cette lecture est à interroger et des exemples historiques comme la Cité-État athénienne ou comme la République patricienne de Venise[2] tendent à démontrer que la relation entre la ville et la campagne peuvent fonctionner dans une complémentarité qui

---

1. Weber, M. (1947), *La ville*. Paris : Aubier.
2. Braudel, F. (1977), "Venise", in Braudel, F. (1977), *La Méditerranée, les Hommes et l'Héritage*. Paris : Flammarion.

permet difficilement de penser la ville, comme le suggérait Braudel, sans son "économie-monde", située hors des limites de sa partie dense.

Quoi qu'il en soit, l'opposition entre monde rural et monde urbain a largement occupé le XIXe siècle, comme en témoigne toute la littérature de cette période, y compris savante. Il est vrai que bien des enceintes continuaient à jouer, peu ou prou, une fonction défensive (la Commune de Paris, assiégée, nous suffirait à le rappeler) et le maintien de l'octroi, jusqu'à la seconde guerre mondiale, a contribué à accréditer, parmi bien d'autres facteurs, culturels notamment, les écarts entre ces deux mondes, entre ces deux types d'espaces. Cette opposition, voire cette "contradiction", décriée, faisait référence pour élaborer des modèles alternatifs de développement urbain. Ces derniers alimenteront les grands débats qui marquent la naissance de l'urbanisme, du plus "réaliste" au plus "utopique", de la Cité-jardin d'Howard à la Ville radieuse de Le Corbusier, de Broadacre City de Franck Lloyd Wright à la cité linéaire du "désurbaniste" Melnikof[3].

En publiant "La rurbanisation ou la ville éparpillée", Gérard Bauer et Jean-Michel Roux[4] pointaient, dans le contexte européen, un phénomène que les Américains, faute d'une sédimentation et d'une culture urbaine suffisamment riche, et notamment à travers Melvin Webber[5], considéraient comme parfaitement banal. Jean Rémy et Liliane Voyé s'étaient, de leur côté, saisi de cet aspect particulier pour le mettre en perspective avec d'autres évolutions nouvelles, dans un essai pour repenser la définition de la ville[6]. Françoise Choay, pour sa part, dans une grande perspective historique, à laquelle prêtait très bien une exposition sur la ville[7], radicalisa le constat en dramatisant, d'une manière à peine détachée, "la contradiction ville / campagne" dont Marx et Engels s'étaient fait à la fois les prédicateurs et les militants de la disparition. Depuis, les recherches se sont multipliées, tant en ce qui concerne la périurbanisation que les nouvelles figures de la ville, selon diverses perspectives, tantôt théoriques, tantôt descriptives, et ce à l'échelle internationale[8]. Plutôt qu'en discuter ici les positions et analyses, nous avons préféré y faire référence à chaque fois que notre propre recherche y invitait.

3. Kopp, A. (1970), *Ville et révolution*. Paris : Anthropos.
4. Bauer G., Roux J.-M., *op.cit.*
5. Webber, M. (ed.) (1964), *Explorations in Urban Space*. Philadelphia : University of Pennsylvania.
6. Rémy J., Voyé L., *op. cit.*
7. Choay, F., art.cit.
8. Voir bibliographie.

L'approche de l'INSEE

Sans aller vers un tel engagement interprétatif, et bien plus pour des nécessités de mesure et d'instrumenta(lisa)tion administrative, la définition "officielle" de l'INSEE s'est elle-même affranchie du caractère trop réducteur du seul critère de numération démographique, évoqué au tout début de ce chapitre, pour prendre en considération un critère de rapport à l'emploi. Celui-ci permet d'inclure ou d'exclure, dans ce qui distinguera "l'espace à dominante rurale" et "l'espace à dominante urbaine", telles ou telles communes. En effet se substituant aux Zones de Peuplement Industriel ou Urbain (ZPIU), le zonage en "aires urbaines", établi en 1997, "ne prend pas en compte d'autres limites administratives que celles des communes".

"Cette nouvelle nomenclature spatiale, précise l'INSEE, permet de mieux appréhender le territoire métropolitain et la façon dont la population s'y répartit. Dans un espace à dominante urbaine, on identifie des pôles urbains et des communes périurbaines. Les pôles urbains représentent les villes importantes avec leur banlieue. L'influence des pôles sur leur environnement est mesurée par l'attractivité en termes d'emploi. Les communes périurbaines sont définies comme celles dont 40% ou plus des actifs résidents vont travailler dans un pôle. Le reste du territoire est l'espace à dominante rurale." (INSEE Juin 1997) .

Certes la définition d'une ville ne peut se résumer au seul critère de population, fût-il croisé avec celui de l'emploi, mais le critère de population constitue cependant un élément de forte permanence dans la caractérisation des villes, et sa présentation, l'examen des fluctuations de population, d'un dénombrement à l'autre, constitue toujours le signe, la forme condensée d'une somme d'autres évolutions, d'autres critères, témoins du dynamisme ou du déclin urbain. Les récentes études de l'INSEE tirées du recensement de population de 1999 en sont, s'il fallait s'en convaincre encore, une énième confirmation[9].

Cette remarque valide d'une certaine manière le projet que nous avons de comprendre le rôle que joue l'installation résidentielle, à partir des motivations des ménages qui s'y affairent et des effets de territoires qu'une forme particulière d'installation, et finalement inédite à l'échelle qu'elle revêt, peut avoir sur la forme et le fonctionnement de l'espace urbain. Ce travail sera réalisé à un niveau d'appréhension suffisamment fin pour que, derrière les constats de répartition démographique, on puisse déceler les

---

9. Bessy-Pietri, P. (1999), "Les formes de la croissance urbaine (recensement de la population 1999)", in *INSEE Première*, n° 701.

logiques de redistribution des lieux et des territoires, des rythmes et des temporalités qui fondent l'émergence d'une forme d'urbanisation originale.

L'étude de l'étalement urbain, phénomène qualifié de "périurbanisation", n'échappe pas aux considérations générales que nous faisions plus haut sur les définitions urbaines rapportées aux croîts de population : elle est aussi indexée, comme en témoignent notamment les études de l'INSEE à l'instrument de mesure démographique. Selon Thomas Le Jeannic (1997), la "périurbanisation" est un "phénomène qui s'est développé ces trente dernières années". Toujours selon le même auteur, il s'agit d'un "nouveau mode de croissance urbaine" qui a concerné "la plupart des villes françaises dans les années soixante-dix".

Alors qu'avant 1960, on observait un phénomène de densification urbaine (rythme annuel d'augmentation de population supérieur à 2 % pour les villes-centre et leur banlieue), on assiste à partir des années 70 à un étalement généralisé des villes : "De 1975 à 1990, précise le même auteur, 95 % de la croissance démographique (250 000 à 300 000 âmes par an) a profité à l'espace à dominante urbaine : deux tiers ont bénéficié aux communes périurbaines de 1975 à 1982, un peu plus de la moitié de 1982 à 1990"[10].

À l'échelle du territoire national, le processus est général, mais inégal dans son expression : les villes du Sud, en particulier l'agglomération marseillaise, profite d'un "apport migratoire en provenance d'autres aires urbaines", ce qui donne sans doute à la périurbanisation de l'aire métropolitaine d'Aix-Marseille un caractère original dans un vaste ensemble inter-régional, et probablement international et nord-méditerranéen (l'Arc méditerranéen), vis-à-vis duquel certains ne sont pas sans évoquer les traits d'une urbanisation de type "californien".

La périurbanisation se présente d'abord comme un déplacement de population vers des espaces formant une couronne gagnée sur l'espace rural, alors que le travail tend pour sa part à se concentrer dans les pôles urbains (70 % en 1975 contre 62 % en 1962), mouvement qui ne s'est que faiblement atténué en dépit de la création de zones d'activités tant industrielles que commerciales en dehors des centres urbains, comme le pôle d'activités des Milles à Aix, le complexe commercial de Cabriès entre Aix et Marseille ou la zone industrielle de haute technologie de Rousset à l'est d'Aix. Au niveau national, l'emploi n'augmente en effet que de 7%

---

10. Le Jeannic, T. (1997), " Trente ans de périurbanisation ", in *Economie et Statistique*. Paris : INSEE.

entre 1962 et 1990 dans les communes périurbaines alors que leur population active a augmenté de 75 %.

Ce "déséquilibre" a eu des effets considérables sur les migrations quotidiennes liées principalement au déplacement domicile/travail, le nombre d'actifs établis en périurbain se rendant au travail dans les pôles urbains ne cessant d'augmenter. Comme le précise Thomas Le Jeannic, "le chassé-croisé s'est donc intensifié : 2,5 millions d'actifs [venant du périurbain] entraient ou sortaient chaque jour de ces villes-centre en 1962, ils sont 6 millions en 1990".

Le profil sociologique du périurbain est bien connu et nous nous référerons ici encore à l'autorité de l'INSEE pour en résumer la définition moyenne : "L'habitant périurbain type est un adulte jeune avec enfants, agent de maîtrise ou technicien travaillant dans le secteur des services ; il est propriétaire de sa maison et possède deux voitures". Son établissement en périphérie urbaine a été motivé par "un besoin d'espace plus impérieux de la part des familles qui quittent les centres urbains saturés et leurs banlieues." Ce sont de grandes familles (2,94 personnes par ménage contre 2,57 au niveau national en 1990), déjà constituées, habitant des maisons individuelles (85 %), dont près de la moitié ont cinq pièces ou plus. 40% de ces ménages disposent d'au moins deux voitures, contre 25 % de l'ensemble des ménages en France.

L'aube du troisième millénaire semble pourtant amorcer une inversion de tendance. La plus grande finesse des études qui, auparavant, attachaient moins d'importance à l'originalité des villes qu'aux grandes moyennes nationales (cédant ainsi à l'injonction d'une approche territoriale axée sur la recherche d'un équilibre et donc de l'effacement de différences avant tout perçues comme des inégalités) permet de nuancer la tendance générale. Ces études entrent en effet plus au fond de ces disparités pour identifier des dynamiques de développement moins homogènes.

Ainsi, à partir d'une analyse publiée en 1999, Pascale Bessy-Pietri confirme l'inertie de l'étalement urbain : "De 1990 à 1999, la population a progressé de 0,12 % par an dans les villes-centre, de 0,42 % dans les banlieues, et de 1,03 % dans les couronnes périurbaines pour l'ensemble des 361 aires. Cette hiérarchie correspond au schéma classique de l'étalement urbain : le taux de croissance est de plus en plus élevé à mesure qu'on s'éloigne du centre".

Cependant la même chercheuse ajoute : "Ce modèle s'est toutefois atténué. En effet, entre 1982 et 1990, 231 aires le suivaient ; elles ne sont plus que 199 durant les années 90. Les évolutions sont plus homogènes : les villes-centre gagnent des habitants alors qu'elles en perdaient régulièrement depuis 1975, et les banlieues et couronnes périurbaines en gagnent moins".

Dans un travail plus détaillé portant sur 73 aires urbaines de plus de 100 000 habitants formées d'une ville-centre, d'une banlieue et d'une couronne, elle précise encore ces inflexions. D'une certaine manière, ce constat appuie notre hypothèse selon laquelle cette dynamique, largement indépendante des actions d'aménagement, voire même opposée aux dispositions réglementaires visant à limiter l'urbanisation dans certaines communes et zones de communes, aurait atteint un certain degré de saturation. Elle en vient en effet, selon nous, à s'autodétruire en épuisant la disponibilité des réserves constructibles, en révélant aux ménages les inconvénients du choix de l'installation périurbaine sur le temps long du cycle familial.

À cette auto-perversion du phénomène d'étalement, il faut sans doute ajouter les effets conjugués, mais encore mal appréciés et vérifiés, d'un certain nombre d'actions volontaires des agglomérations pour requalifier les centres urbains, en améliorer l'accessibilité et y réaliser une offre d'habitat répondant à des attentes mieux identifiées des ménages. C'est ainsi que plusieurs villes-centre regagnent une population qu'elles avaient perdue, comme Lyon, Nantes ou Nancy : "La ville-centre attire de nouveau des habitants ou elle en perd moins, et dans ce cas, sa population augmente du fait d'un excédent des naissances sur les décès supérieur au déficit des entrées sur les sorties"[11].

L'aire métropolitaine d'Aix-Marseille, pour sa part et toujours selon la même étude de l'INSEE, appartient au modèle classique de l'étalement urbain : la périurbanisation s'y est développée d'une manière soutenue, dans un contexte qui admet aussi bien le dépeuplement que le repeuplement de la ville-centre (cas respectif de Marseille et d'Aix). Dans les villes de ce groupe, l'augmentation de population dépasse le taux de 1,5%, et peut même atteindre jusqu'à 3% (cas de Montpellier).

Du côté politique

Les hommes politiques, en particulier le Sénateur Larcher[12], se sont inquiétés de l'évolution des franges urbaines. Le rapport issu de sa mission établit le constat que : "L'urbanisation des abords des villes s'effectue selon un modèle très consommateur d'espace... de plus, le développement de l'espace périurbain se fait de manière monofonctionnelle..., ce qui multiplie les besoins de déplacement... [Les infrastructures de transport]... ont une

---

11. Bessy-Pietri, P., art. cit.
12. Larcher G. (1998), *Les territoires urbains et paysagers. Pour un nouvel équilibre des espaces périurbains*. Paris : Rapport du Sénat n° 415.

emprise sur de très vastes territoires, parfois beaucoup plus vastes que les villes qu'elles desservent... L'espace périurbain est menacé, entre une ville conquérante et une agriculture déstabilisée qui reflue vers les zones exclusivement rurales. Ligne de contact fluctuante, parfois difficile à identifier, il semble promis à une inexorable urbanisation".

S'appuyant sur d'autres études, le même rapport souligne "le fort développement des surfaces bâties depuis le début des années 1980". "En exploitant les données statistiques issues des derniers recensements, est-il précisé, la SEGESA montre que l'on a construit, de 1982 à 1990, 17,7 logements par km² dans les cantons périurbains, contre 6,2 logements en moyenne sur l'ensemble du territoire et 2,4 dans les communes rurales. Par ailleurs bien que le nombre de constructions ait baissé entre 1986 et 1990, "la part des logements construits en zone périurbaine, par rapport au total des logements construits s'accroît de 19,2 % à 21,2 %".

Soulignant la faiblesse de l'agriculture en regard du développement urbain, jusqu'au plan du droit[13], l'inefficacité, l'obsolescence ou l'inadaptation des outils d'aménagement pour les espaces périurbains, le rapport préconise, en s'appuyant notamment sur les expériences danoises, néerlandaises et québécoises, une série de dispositions mettant en avant un "nouveau label", celui de "terroir urbain et paysager", en cohérence avec la politique de la ville. Ces mesures visent à mieux utiliser les dispositions existantes et à créer de nouveaux instruments, concernant le développement agricole, la coopération intercommunale, notamment d'agglomération, la fiscalité, notamment les régimes de taxes en vue de lutter contre la spéculation, la gestion foncière et environnementale.

Un certain type d'espaces va désormais retenir notre attention dans la suite de ce texte : les zones dites de "campagne". Elles jouent un rôle manifestement important dans l'étalement urbain et ce qui a été appelé le "mitage". Elles nous paraissent en effet se situer au cœur des contradictions entre les dynamiques résidentielles propres aux urbains en fuite de ville (dont nous étudierons les logiques d'installation), les comportements spéculatifs des propriétaires de terrains, l'attitude laxiste des maires, d'une

13. "L'article L. 411-32 du code rural, dit le rapport Larcher, consacre le primat du droit de l'urbanisme sur le droit rural. Comme le remarque le professeur L. Lorvellec, le droit rural est, du fait de ces dispositions, "balayé par l'exceptionnelle plus-value née de l'urbanisation de la terre. Il ne peut préserver la destination agricole : protéger les agriculteurs ou les propriétaires de terres agricoles et protéger l'agriculture sont parfois antinomiques." (Lorvellec, L. (1990), "La prise en compte du développement urbain dans les procédures d'aménagement rural ", in *Revue de droit rural*, n° 179, p. 48).

part, et l'imprévision des dispositifs d'urbanisme en ces lieux de tension entre l'activité agricole et la poussée d'urbanisation[14].

Les zones NB dites de "campagne", espaces mous/flous de la périurbanisation

On désigne parfois sous le nom de "zones de campagne" les zones NB des POS, dites également "zones d'urbanisation diffuse". Leur destinée est très dépendante de celle de la commune dans un contexte bien plus vaste, fonction de la relation de cette commune avec d'autres communes, fonction du dynamisme qu'y conserve l'agriculture et de la pression qu'y exerce l'extension urbaine. Ce sont des zones de transition entre la ville et la campagne. Elles sont l'emplacement charnière de l'espace où se produit le basculement d'un territoire vers l'urbanisation généralisée. Le déclin des activités agricoles expose ces zones au développement de friches agricoles, cependant que la pression urbaine, le manque d'offre ou/et la cherté du foncier pour les constructions individuelles, concentre les convoitises sur ces réserves potentielles[15].

La zone NB constitue un espace d'embarras de la technocratie urbanistique. Les lotissements n'y sont pas permis et la division des parcelles ne peut excéder le partage en deux. L'assise nécessaire à la construction ne peut être inférieure à une certaine superficie qui descend jusqu'à 1 000 m2, mais la plupart du temps les surfaces minimales pour la construction classent les zones NB, en zones à 2 000, à 4 000 ou à 10 000 m2. Cette taille n'est pas indifférente à des considérations qui renvoient en même temps à la volonté de limiter l'urbanisation et aux nécessités techniques d'un assainissement individuel.

La construction y est autorisée bien plus que ne le pensaient les protagonistes de la Loi d'orientation foncière (LOF) de 1967. Leur relative fermeture s'est transformée en large ouverture, que le cumul de différents facteurs parfois inattendus peut favoriser : rareté des terrains urbanisables, faible offre de lotissements, et consécutivement renchérissement du foncier.

---

14. La loi de "Solidarité et de renouvellement urbain" (dite SRU), adoptée fin 2000, concerne de plus ou moins près ces zones en supprimant les POS au profit de "plans locaux d'urbanisme". "Ils fixent les règles générales et les servitudes d'utilisation des sols, qui peuvent notamment comporter l'interdiction de construire, délimitent les zones urbaines ou à urbaniser et les zones naturelles ou agricoles et forestières à protéger et définissent, en fonction des circonstances locales, les règles concernant l'implantation des constructions".

15. Comby., J. (1998), "Le marché des terrains pour maisons individuelles", in *Études Foncières* n° 78.

Le dévolu de l'accédant est alors reporté, quelquefois malgré lui, vers ces grandes parcelles, souvent trop grandes pour l'acquéreur potentiel, mais propices à la retraite (ou à la reconversion) des agriculteurs et au grand bonheur des édiles communaux, qui y font la politique de leur milieu et peuvent y voir les moyens d'entretien de grandes parcelles abandonnées (notamment au danger du feu) .

D'une certaine manière, la division parcellaire y étant limitée, et l'acquéreur quelque peu forcé au "choix" d'une grande parcelle pour réaliser sa construction, les zones NB constituent un "non choix" en terme de mode d'urbanisation et en regard de la maîtrise que prétendait mettre en œuvre l'État avec les plans d'occupation des sols. Les constructions, qui devaient y être l'exception, y deviennent, dans certaines parties des zones rurales placées sous la pression de l'expansion urbaine, un phénomène systématique. La structure parcellaire, marquée par la destination agricole ou para-agricole des terrains, sert d'assise à une occupation qui n'a plus rien à voir avec l'usage initial du sol. Or cette structure parcellaire issue d'une activité agricole n'est pas fondamentalement transformée pour répondre à l'apparition de cette utilisation nouvelle. On a là un phénomène totalement contraire à un mouvement d'urbanisation de longue durée qui a produit des figures propres de découpage parcellaire, spontanées ou régulées (parcelles en lanières des "doigts de gants" des sorties urbaines, ou lotissement) .

Souvent appelées "zones de campagne" par les documents d'urbanisme, elles constituent effectivement des fragments de territoire communal conservant des caractéristiques d'organisation à la croisée des transmissions de patrimoine foncier rural et des exigences de l'exploitation agricole des terrains[16]. Ces zones de campagnes deviennent des "campagnes urbaines" et il se crée ainsi une forme aberrante d'occupation du sol qui s'impose insidieusement aux acteurs, administration de l'État comme acquéreurs, en s'engouffrant dans l'imprévu de la pression urbaine, l'impensé de la réglementation urbanistique et dans les revers de la séduction champêtre. Requises sans autre procès pour une occupation résidentielle détachée de l'activité culturale, elles s'imposent autant qu'elles s'offrent à une demande d'installation résidentielle marquée par une mise à l'écart volontaire de la ville et des axes de circulation les plus empruntés.

Elles s'imposent car les possibilités de l'acquéreur s'inscrivent dans l'éventail d'un choix limité entre des terrains viabilisés plus petits, mieux situés, mais terriblement chers pour ces différentes raisons, et des grandes

---

16. Slak, M.-F. (1999), "Vers une modélisation du mitage, périurbanisation et agriculture", in *Études Foncières* n° 85.

parcelles rurales tolérées à la construction résidentielle, isolées et mal desservies. Elles constituent contradictoirement une offre diablement attrayante dès lors que l'appétit de fusion rustique est surdéveloppé chez des habitants qui vivent ou ont vécu, par le travail ou la location, les affres de l'asphyxie urbaine. Les droits à construire qu'elles permettent sont alors une aubaine qui rend tangible un projet dont les contours ont été esquissés pour l'essentiel avant la recherche du terrain et le projet n'aura qu'à se poser sur la généreuse assise de l'ancienne parcelle agricole dans l'insouciance provisoire de ses raccordements et de son accessibilité.

L'impensé des raccordements

Les raccordements constituent en effet une somme de contraintes incontournables, parfois coûteuses, généralement sous-évaluées à souhait par les marchands de maisons et les vendeurs, mais comme mises à part, "abstraites", de l'installation résidentielle. Elles sont ainsi plus ou moins volontairement oubliées, car destinées pour certaines à être enfouies sous la terre ou cachées de manière consciente ou inconsciente par une esthétique et un imaginaire domestique et paysager qui supportent mal les poteaux et les câbles aériens. L'acquéreur minore par idéalisme les coûts et les conséquences de ces raccordements souvent démesurés, encouragé dans son aveuglement par un vendeur qui n'aura pas à supporter les frais d'équipement du terrain comme le lotisseur. Ces " faux frais " se révèleront plus tard en des temporalités variables et en des effets privés et publics combinés.

Pour l'acquéreur accédant, c'est d'abord dans l'immédiat achèvement de la construction que surgiront ces dépenses imprévues, assumées par sa capacité économique ou par son auto-production et des formes diverses de solidarités bricoleuses. En tout état de cause les surcoûts assumés par l'accédant resteront hors d'une comptabilité lisible. De manière différée, sur le moyen terme, l'habitant de la villa prendra la mesure de l'accomplissement insatisfaisant de son projet dans l'inconfort et les problèmes d'entretien de son chemin d'accès, raviné au moindre orage. À cet inconvénient auto-réparable, s'en ajoutent d'autres que le déroulement du cycle de vie fait bientôt apparaître : la longueur d'un chemin mal éclairé et peu sûr tout au long d'un tronçon qui le sépare d'une voirie publique, au point qu'il décourage son utilisation, par les enfants qui ont grandi, de modes de déplacements donnant la possibilité de joindre un arrêt de transport public.

La commune est pour sa part rapidement confrontée aux demandes de viabilisation des chemins dont le caractère privé tend à être oublié dès lors qu'ils désservent quelques maisons. Ces demandes arguent des impôts locaux pour exiger un dû exclu par la réglementation du POS, mais que le flou entourant les zones NB et le laxisme dans l'attribution des permis de construire ont pu encourager.

Ces inconvénients, au départ sous-estimés par l'accédant, ne semblent pourtant entamer ni leur enthousiasme, ni leur détermination, en vérifiant par cette difficulté même qu'ils sont bien en "campagne", hors de la ville. Tout, depuis leur lieu de travail jusqu'à leur mode de vie, en fait cependant des urbains. Leur installation, en traduisant cette combinaison de désir champêtre et d'acculturation urbaine, contribue alors à transformer ces anciennes propriétés rurales en une vaste campagne urbaine, où le parterre de gazon, quelquefois aussi *clean* qu'un terrain de golf, remplacera le champ de blé, au pied du même massif boisé qui en limitait les reliefs inexploitables.

Partant de ces considérations surplombantes, notre regard est en mesure de se déplacer maintenant vers l'environnement concret dans lesquelles sont inscrites les maisons étudiées, autour d'Aix et Marseille, tels qu'il apparaît dans les propos tenus par les familles rencontrées. D'une certaine manière, mais à leur manière, les familles interrogées, acteurs de la périurbanisation, sont aussi des témoins de la métropolisation et c'est ainsi qu'ils nous intéresseront.

Les ménages, acteurs et témoins de la périurbanisation/métropolisation

C'est en effet à partir de leur expérience, de temporalité variable, que ces ménages vivent une certaine pratique et se forment une certaine représentation de ces espaces, y apportent par leur installation une contribution dont la réplication façonne de manière déterminante le contenu et la configuration (le "mitage" en est un aspect), y projettent un imaginaire et y défendent des valeurs qui pèsent de tout leur poids sur les choix ou non choix d'aménagement.

Tout commence par un projet familial, celui de la fondation d'une "villa", comme on appelle la maison dans le midi : il oriente pour partie de façon consciente, pour partie de façon inconsciente, par l'action volontaire de l'accession et dans le passage obligé de multiples pratiques induites subies, une manière de vivre qui instaure une valeur fondamentale : celle de la "tranquillité" :

> *...Les gens ont envie d'être tranquilles... vous en discutez avec les proches voisins ou des gens qui habitent même de l'autre côté du village, ils ont envie d'être tranquilles chez eux, ils n'ont pas envie d'avoir de grands bâtiments...* (Faure, Puyloubier)

- *Qu'est ce qui vous plait le plus dans le fait d'avoir une maison ?*
Elle : *Le calme !*
Lui : *... l'indépendance, la tranquillité...* (Guérin, Cabriès)

Ce mode de vie tend à placer la famille en situation d'une monade dans une société urbaine que l'instigateur de cette volonté d'installation voudrait comme mettre à l'écart, en un espace de temps de sa journée et de sa semaine et au prix d'un voyage dont la quête du paradis naturel recherché a défini le chemin, le terme et les moyens.

J'ai pas tellement envie le dimanche d'aller me faire piétiner, d'avoir du bruit, j'ai envie d'être un peu tranquille, parce qu'on a une vie en semaine assez "speedée"... (Faure, Puyloubier)

La ville, la grande ville, on commençait en avoir par-dessus la tête, hein ! surtout qu'on a longtemps vécu à la campagne et donc on cherchait à retrouver quelque chose de plus calme et de mieux aéré... (Chenu, Fuveau)

C'est vrai quand on rentre le soir (moi je travaille en ZEP, donc dans des conditions de pire en pire), et donc quand on rentre, on a une impression de tranquillité, on ferme la porte et puis voilà. C'est un peu la campagne, donc je pense que ça représente une certaine qualité de vie... (Mme Blé, Fuveau)

La multiplication, l'extension et la généralisation de cette demande constituent une puissante dynamique, mais aussi une addition d'initiatives sans lien qui finissent par former système et gangrènent, par les contradictions qu'elles engendrent dans leur consommation d'un espace qui ne constitue pas une ressource inépuisable, la valeur de "tranquillité" que l'installation privilégiait au départ.

Lui : *Dans le paysage de Fuveau, il y a des maisons de plus en plus partout... on est en train de construire de plus en plus sur des petits terrains* [6 maisons sur 3 000 m2]... *c'est pas le choix qu'on s'est fixé au départ : commodités, espace, services, être tranquille... on n'a pas choisi d'habiter Fuveau pour habiter dans un lotissement, on voulait pas la vie en lotissement !*
Elle : *On a l'impression que, petit à petit, on est en train de grignoter cette qualité de vie par des constructions à droite, à gauche...* (Blé, Fuveau)

Qualifier de "campagnes urbaines"[17] les espaces vécus par les acquéreurs de villas, qu'ils résident en maison isolée ou même en lotissement, correspond donc assez bien au type de "territoires" que contribuent à produire les habitants du périurbain, entre fébrilité urbaine et retraite rustique. Car si la destination pavillonnaire est l'objet privilégié du projet

17. Donnadieu, P. (2000), "Campagnes et natures urbaines ", in Paquot, Th., Lussault, M., Body-Gendrot, S., *op.cit.*

familial dont il a été question plus haut, ce "paradis" domestique n'est pas isolable des chemins, des "prolongements" et des "compléments" qui l'inscrivent en "campagne" hors de la ville.

Entre le travail et la maison, un faisceau de lieux et de trajets irradie autour du pôle domestique, permet le fonctionnement de la maison, lui apporte son carburant, son alimentation matérielle et ses ressources culturelles. Ce faisceau de lieux constitue une réserve dans laquelle l'habitant urbain peut puiser, et annexer à son projet domestique, d'une façon totalement utilitariste ou d'une manière totalement gourmande et ludique, les éléments d'un espace environnant public et privé et en faire l'étendue d'un territoire personnel, constitué d'espaces pratiqués : itinéraires familiers, honnis ou préférés, destinations désirées ou obligées, mais aussi de références symboliques appropriées : profil de la Sainte-Victoire, piton villageois, creux des calanques.

D'un côté, l'immersion dans la nature, la campagne, le village, la présence des arbres, celle des animaux, sauvages ou domestiqués (l'écureuil et le cheval), l'éloignement des sources de bruits (routes et autoroutes), sont des critères d'installation qui viennent au premier plan. Ces habitants portent en effet, comme l'ont bien noté B. Hervieu et J. Viard[18], un véritable "désir de campagne", expression d'une "lente montée résidentielle et ludique extra-urbaine" submergeant une "dynamique agricole" plus ou moins affaiblie selon sa production et sa proximité des centres urbains.

Certes le projet, plus ou moins ancien, aura pu naître d'autres motivations initiales, aujourd'hui rejetées en arrière-plan : la fuite de la ville, l'intérêt des enfants, le désir d'accession, les opportunités d'emprunt, etc. Pourtant, aujourd'hui, la justification par l'argument d'une nature bienfaisante est la première avancée, même en lotissement : "l'unité fondamentale de notre territoire collectif est aujourd'hui le paysage"[19].

D'un autre côté, le critère paysager chez ces urbains des campagnes devient d'autant plus intense qu'il est contredit par les manifestations visibles, audibles, olfactives de l'activité urbaine (Aix s'est distingué pour avoir dépassé le seuil critique de pollution), en particulier l'augmentation des trafics[20]. Ainsi, les habitants de villas, de maisons et de pavillons, qui se

18. Bertrand, H., Viard, J. (1996), *Au bonheur des campagnes (et des provinces)*. La Tour d'Aigues : L'Aube.

19. *Ibidem.*

20. Alors que la population est restée stable (mais le nombre de ménages a augmenté de 10% et celui des voitures de + 20%), les déplacements ont augmenté de 15% en 8 ans (23% pour le travail, 15% pour l'accompagnement, 13% pour l'école, etc.) (enquête déplacements, 1997).

sont volontairement mais toujours rationnellement éloignés de leur lieu de travail, se réfugient dans des bouts de campagne, de bois et de village, après avoir parcouru péniblement et dangereusement (c'est eux qui le disent) des kilomètres de routes et d'autoroutes, en élargissements et transformations incessants, après avoir traversé des chantiers de TGV et d'autres grands travaux en cours.

La pratique quotidienne des réseaux routiers génère alors une bonne connaissance du trafic, des moments et des segments fluides ou embouteillés. Pour ceux qui vont travailler à Marseille, surtout, mais aussi à Aix, à Vitrolles, ces déplacements sont presque toujours vécus comme un “stress”.

> *C'est très "stressant", moi je préférerais prendre le train ! S'il y en avait un à Plan de Campagne, je le prendrais sans problèmes... finalement ça engendre de la fatigue, de l'énervement...* (Mme Blé, Fuveau, travaillant à Vitrolles)

> *Tous les matins, pour moi, l'autoroute : c'est la corvée ! Il faut s'y habituer, ça m'enquiquine profondément, mais je ne le prends pas comme un point négatif, à partir du moment où je fais ça tous les jours !... autant essayer de le prendre du mieux possible, donc je mets une bonne cassette, une bonne radio... et puis on attend que ça se passe !* (Mme Martin, Fuveau, travaillant à Aix)

Un habitant de Cabriès a traversé Marseille pendant des années pour aller y travailler : il vit le rapprochement récent de son travail (La Gavotte) comme un véritable soulagement :

> *Ça été une embellie de se retrouver ici, j'arrive au bout de ma carrière ! Je comptais arrêter, mais là ça m'a donné un coup de fouet pour aller jusqu'au bout...* (M. Gaudin, Cabriès)

Certains, considérant ces navettes comme la conséquence inévitable et prévisible de leur exode campagnard, refoulent ou adaptent leur désagrément pour y intégrer une nuance de fantaisie. C'est pour eux une manière de valoriser le choix de leur installation comme offrant des possibilités multiples de bien arriver à destination sans voir nécessairement dans la performance promise par l'infrastructure, mais subvertie par les embouteillages, un avantage décisif de leur choix. Utilisant ainsi les autoroutes pour aller travailler, ils s'offrent le “luxe” de revenir au domicile par les petites routes, renforçant ainsi l'image d'une installation à la campagne. Ils se construisent ainsi une représentation de leur choix résidentiel qui allie l'accessibilité / rapidité et le retrait / parcours buissonnier.

> *On prend l'autoroute au Canet... pour aller oui ! pour revenir jamais ! pour aller : c'est gain de temps, et pour revenir : délassement de la conduite sur la*

route ! non c'est vrai, ça me décompresse ! j'adore revenir par cette petite route, qui est peut-être un peu dangereuse, mais agréable ! et donc, non, au retour, on prend jamais l'autoroute... (Mme Rives, Fuveau)

Ces parcours "stressants", la plupart du temps marqués par la répétition, construisent en même temps une certaine connaissance de l'aire métropolitaine. Ils constituent aussi une constante invitation à découvrir, par les détours occasionnels que permet la liberté automobile, des lieux inconnus ou nouveaux (la réalisation du centre commercial Grand littoral, dans les quartiers nord, participe de ces occasions). Au béton des constructions d'immeubles succède alors celui des infrastructures viaires et à la cohue des piétons en centre-ville se substitue la densité du trafic sur les réseaux périurbains.

Cette urbanisation de l'arrière-pays marseillais où la multiplication des infrastructures s'ajoute au mitage est aussi vécue par les périurbains comme une menace, non tant pour les activités agricoles en recul que pour les paysages au cœur desquels ils ont installé des hâvres de paix. Car la "tranquillité" qui les a conduits sur 4000 m2 de terrain boisé outrepasse les limites de cette superficie déjà généreuse pour les inscrire dans un cadre de vie "naturel" bien plus vaste et dont ils ne tolèrent pas qu'il soit de quelque manière dégradé. Ainsi, en même temps qu'ils réclament la viabilisation du km qui les sépare de la route la plus proche, ils s'alertent de la venue du TGV et de ses conséquences immobilières.

Formes (et forces) d'une ségrégation par le haut

La progression rapide de l'urbanisation interurbaine entre Aix et Marseille s'est superposée aux dispositions des plans d'occupation du sol, et cette interaction, elle-même combinée au caractère fondamentalement épuisable du foncier constructible disponible, aux avantages et désavantages des localisations foncières favorisant la spéculation, fait sans cesse plus obstacle aux installations pavillonnaires à des coûts accessibles.

En Provence, on nous vendait n'importe quoi : des terrains sans chemin, dans des trous... C'était très, très cher. On est arrivé à avoir ce terrain un peu moins cher, mais il y avait une côte à monter ; il y avait pas l'eau, y avait pas les passages... on est allé visiter des sociétés de maisons à Cabriès et on s'est fait notre maison : on a choisi quelqu'un qui a fait notre maison avec nos plans adaptés aux bancaous[21]... (M. Tessy, Puyloubier)

---

21. Nom donné aux aménagements en terrasses des espaces de culture dans le Midi.

Un tri social, déterminé par la rareté du foncier, par les contraintes réglementaires d'urbanisme, par la cherté du terrain à construire, s'est ainsi progressivement mis en place, moins sélectif au début des années 60, plus exclusif aujourd'hui. Des acquéreurs anciens et opportunistes résident ainsi dans les "zones de campagne" à 4000 m2[22]. Un héritage ou un projet particulier (comme l'élevage de chevaux) leur a permis cette acquisition en dépit de moyens modestes. Citons à titre d'exemple une famille rencontrée à Cabriès, installée dans une maison de 80 m2, elle-même implantée sur un terrain de 3 000 m2, que le couple a héritée de ses parents à lui et qu'ils occupent depuis 29 ans (Gaudin, Cabriès) .

Ces anciens, que nous appellerons les "locaux " voisinent désormais des propriétaires nouveaux bien plus fortunés et contribuent souvent à atténuer au plan statistique le contenu socialement très aisé de ces zones. Ils en marquent aussi le vieillissement, qui, par là-même, augure du renforcement futur de la position élevée des nouveaux habitants de ces zones. Même si une division des parcelles en deux est susceptible d'être autorisée, elle ne garantit aucunement la baisse des prix de ces immeubles ou terrains.

Ainsi, les "héritiers" et les "locaux" cèdent petit à petit la place à ceux que nous appellerons les "colons", souvent cadres supérieurs, qui viennent d'autres régions, non sans être attirés par l'héliotropisme qui fait la réputation de la Provence. Le terme de "colon", auquel le Petit Robert donne notamment le sens de "membres d'un groupe de personnes de même origine, fixées dans un autre lieu", traduit bien l'idée d'une conquête territoriale, avec ce qu'elle induit en terme de rapport entre centre d'émission et zone de diffusion d'un peuplement[23]. Ces "colons" profitent intensément du double

22. Les zones NB des anciens POS, que l'administration de l'équipement désigne comme "zones de campagne" ou "zones rurales ordinaires", et qui restent à ce titre inscrites dans la catégorie des "zones naturelles", correspondent parfaitement à cette forme d'installation. Les terrains construits, la plupart du temps isolés, atteignent et dépassent souvent les 4 000 m2, mais, accessibles par des chemins à peine carrossables et en cul-de-sac, ils satisfont médiocrement les exigences d'urbanisme. Quant aux lotissements, bien que décriés par beaucoup des habitants des "zones de campagne", ils participent souvent de la part des acquéreurs des mêmes motivations, même lorsqu'il s'agit de lots de petite superficie (500 m2). Parfaitement connu de leur propriétaire, parce qu'il permet aussi de surenchérir sur la catégorisation sociale, le classement en zones NB et U ne se traduit pas par une rupture aussi nette dans le paysage, plaçant d'un côté les lotissements à parcelles de 500 m2 et d'un autre les terrains constructibles de plus de 4 000 m2. Le processus d'urbanisation a produit en réalité des solutions de transition plus nuancées (lotissements à 2 000 m2), que la saturation progressive des réserves d'urbanisation et l'évolution des prix fonciers tendent à réduire.

23. L'utilisation de ce terme nous a valu beaucoup de critiques locales : est-ce en rapport avec une histoire où pèsent encore trop lourdement la culpabilité coloniale de la France ou le sou-

caractère urbain et paysager du carrefour autoroutier et bientôt multimodal situé entre Aix et Marseille, entre Calanques et Sainte-Victoire, les catapultant en quelques minutes vers Nice, Lyon et Montpellier ou encore vers Paris, Brest et Fès par Marignane. Ils ont une représentation de l'espace beaucoup plus large ; ils y incluent volontiers des critères d'accessibilité à de larges échelles.

> *Je fais partie des gens qui voyagent beaucoup, que ce soit en voiture ou en avion, or la moindre étude logistique sur une carte traduit bien une circonférence proche ou autour de Marignane ! Rajoutez que quand vous prenez ce périmètre là, vous avez un croisement de toutes les autoroutes qui permettent de vous orienter soit sur Montpellier, soit sur Lyon, soit sur Nice, vous avez par nature une position logistique importante... On est bien placé... c'est la Corse, y a la mer et puis, en même temps à une demi-heure à droite, on est au bord de la mer, et à une heure à gauche, on est dans la montagne... Pour ça c'est une région qui a beaucoup d'atouts !* (Boucher, Cabriès)

> *C'est bien ! le fait d'être à 10 mn de Marignane, à 10 mn d'Aix, à 10 mn de Marseille, Plan de Campagne pour faire les courses... y a tout !* (Brémond, Cabriès)

Cette situation stratégique de Cabriès, la flambée des prix de l'immobilier autour d'Aix se font particulièrement ressentir et ce, même pour des ménages plutôt à l'aise financièrement :

> *... Là on a explosé notre budget par rapport à ce qu'on voulait mettre au début, parce que Cabriés, c'est un pivot central, oui ! mais alors... cher !* (Boucher, Cabriès)

> *...Ici c'est une belle région mais c'est cher ! par exemple le stère de bois c'est 300F minimum, dans le Sud-Ouest c'est 100/120F ! Pourquoi ? Qu'on m'explique ! moi je dis : ici, c'est quand même très cher, le prix du terrain à 4 000 m2 ! Avec le budget qu'on a mis ici, dans le Sud-Ouest, on a de quoi faire un golf 18 trous !... La vie est très chère, la taxe d'habitation est très chère... tout est très cher ici ! il faut vraiment bien gagner sa vie pour pouvoir en profiter, c'est sûr : c'est une région agréable, il y a beaucoup de choses à faire, ça bouge, les grandes villes sont partout... Mais pour ça, il faut avoir de l'argent ou choisir un autre style de vie que nous ! ...* (Martin, Fuveau)

> *Tels que nous sommes placés ici (bon ! nous, on a mis du temps à trouver !),*

---

venir encore frais du rapatriement ? Nous n'avons pourtant pas renoncé à ce terme, en lui donnant l'acception médiane précisée ci-devant dans le texte, à l'écart des situations les plus détestables (le génocide ethnique) et les plus anodines ("les jolies colonies de vacances"), pour lesquelles le terme est utilisé. D'une certaine manière Paris est un peu à la province de Provence, ce que Rome était à la Narbonnaise. Et d'ailleurs les *coloni* (pluriel de *colonus*) s'établirent en *villæ* !

> *aujourd'hui on a fait une plus-value certainement intéressante, quand vous voyez la vue que nous avons ici et le nombre de ballades le week-end dans notre chemin... là, à mon avis, on fait une superbe opération !* (Boucher, Cabriès)

Ces "colons" tiennent à marquer leur distance avec les lotissements, tolérant les "domaines" divisés en lots de 2 000 m2, mais stigmatisant les HLM horizontaux à 500 m2 le lot, au nom d'une certaine intimité. Le lotissement a une image négative qui s'oppose à la "tranquillité" recherchée, au désir de réaliser quelque chose de personnel. À Cabriès, le lotissement est porteur de promiscuité, mais aussi d'anonymat, et il symbolise les problèmes de délinquances, à l'image des logements collectifs.

> *...Lotissement, j'aime pas du tout, parce que, à moins d'être dans de grands lotissements, c'est-à-dire avec de grands terrains ; là, c'est peut-être agréable parce que c'est situé pas loin des centres commerciaux... par exemple Champfleury, c'est situé pas loin du centre commercial ! L'inconvénient, c'est que les terrains sont tout petits et vous avez une promiscuité qui est même plus importante qu'en appartement, où vous avez pas forcément quelqu'un en face... donc vous entendez pas ! À Champfleury, vous étiez sur la terrasse, vous aviez la haie qui était à 5m et à 2m, derrière vous aviez le voisin, il entendait strictement tout et ça c'est pas agréable...* (Guérin, Cabriès)

> Lui : ... *Moi je vois à Calas, y a que là qu'il y a des lotissements, je vois tout ce qui se passe... non, ça m'aurait vraiment pas plu ! Y a la drogue à Calas, et puis moi, les vélomoteurs qui me passent sans arrêt devant la maison, je suis désolé, j'ai rien contre les jeunes comme ça, mais j'aime ma tranquillité ! c 'est tout, j'ai retrouvé ma maison de famille, je cherche pas autre chose, je suis pas compliqué...*
> Elle : *Moi qui y ai pas vécu comme lui, le lotissement ça m'attire pas, je suis tellement habituée à toujours être seule ici, ça me vient pas ! non...* (Guérin, Cabriès)

Le rejet de certaines formes d'habitation (lotissement ou collectif) est, semble-t-il, fortement lié à l'histoire de l'urbanisation locale, au peuplement, mais aussi à la confiance mise dans la gestion municipale, et aux prix du marché.

Ainsi, à Cabriès, qui a vu la multiplication des lotissements d'un certain standing et qui détient aujourd'hui l'image d'un village sélectif au regard des prix pratiqués, les habitants, bien qu'inquiets des extensions futures et du rattachement (un temps envisagé) à la communauté de communes Marseille Provence Métropole, semblent manifester une certaine confiance dans l'avenir, acceptant le collectif comme forme résidentielle transitoire, en particulier pour que leurs propres enfants puissent résider dans la même commune.

Relativement rares dans les communes de l'ouest telles que Cabriès, le lotissement composé de petits lots trouve mieux sa place à l'est, dans les villages environnant le complexe minier et industriel en déclin de Gardanne. Ici aussi les héritiers de mineurs ou les employés de Marseille en fuite de ville sont parvenus ou parviennent, souvent dans des conditions de solvabilité extrême, à réaliser leur rêve : la naissance d'un troisième enfant a rendu possible, pour tel ménage, un montage financier permettant de gagner 20 km sur les 40 qui séparaient initialement le projet d'accession du lieu de travail à Marseille ; pour tel autre il aura fallu renégocier la reprise des prêts immobiliers avec un taux fixe plus avantageux :

> *On s'est renseigné et puis ils nous ont dit : " On peut vous proposer tel et tel endroit... " (parce que ça dépendait un peu de nos finances). Alors, ou plus vous avez de finances et plus vous avez de choix, [ou] moins vous en avez, on peut vous envoyer un peu plus loin... Au démarrage, on nous proposait le Puy-Sainte-Réparade, Saint-Maximin et puis après je suis tombée enceinte de la deuxième ce qui fait que ça nous a rapprochés de Marseille, parce que, lui travaillant sur Marseille, y avait quand même les km à tenir compte, la fatigue et tout ce qui en découle... donc on nous a fait voir à Fuveau : c'était en 86, 87. Lorsque j'ai téléphoné au constructeur pour leur dire que j'étais enceinte d'un deuxième, il m'a dit : ça vous permet un choix de terrain beaucoup plus large, parce qu'il y a l'APL qui monte !* (Delœil, Fuveau)

On est ici, dans ces petits lotissements de 25-30 maisons à la limite d'un aléa professionnel, d'une sous-estimation des frais occasionnés par une mobilité assurée en véhicule personnel ou bien souvent d'autres dépenses auxquelles astreignent une "villa" et le mode de vie qu'elle favorise. Dans ces lotissements de petits lots, les familles interrogées apprécient leur cadre de vie, mais l'aversion que manifestaient les résidents de villas isolées à l'encontre des lotissements se déplace ici vers les logements collectifs, souvenir d'une expérience mal vécue, dont la reproduction, même sous la forme d'un simple voisinage, est d'autant plus impensable. Dans les lotissements fuvelains, où beaucoup d'employés marseillais se sont réfugiés au prix d'une mobilisation considérable, on craint ainsi la réalisation de petits ensembles collectifs qu'envisage la municipalité, en invoquant le fantasme des quartiers nord – quelquefois effectivement pratiqués dans le travail – . Ainsi la municipalité de Fuveau est-elle fortement critiquée pour cette politique d'accueil de logements collectifs sociaux ; les CIQ (Comités d'intérêt de quartier) se multiplient et se montrent particulièrement virulents. Un malaise palpable se fait sentir chez les habitants, mais aussi, au sein des services techniques de la mairie, par de fortes oppositions.

Lui : *Moi je m'occupe du CIQ... On veut rester un petit village et pas continuer à*

s'agrandir (parce qu'on est en train de tourner n'importe comment !) et essayer de faire un peu de propreté, d'entretien, parce que y a qu'à voir les poubelles ! un minimum... Les ZAC, les trucs comme ça... on n'en veut pas ! sinon ça a plus de sens, des pavillons individuels à la rigueur, on accepterait peut-être ! mais là, de faire des immeubles... non merci !
Elle : *On sait très bien que ceux qui vont venir, c'est pas des saints ! en plus de ça, quand on sait que sur Fuveau la délinquance augmente (on s'amuse à mettre des gens dont on sait l'origine et qui viennent de Marseille), ça peut pas apporter du bon !* (Delœil, Fuveau)

On note ainsi le processus ségrégatif qu'aura engendré une périurbanisation tendant à surconsommer les espaces urbanisables.

Nous avions antérieurement considéré, dans ce second chapitre et dans un premier temps, la périurbanisation comme réalité nouvelle du développement urbain présentant un net caractère de généralité. Elle est cependant, aujourd'hui, remise en question, et elle a nécessité, en particulier pour l'INSEE, une reformulation conceptuelle des modèles de description statistique des formes d'agglomération démo-géographique. La relation résidence/emploi reste cependant toujours, on l'a vu, au principe de la définition des "aires urbaines".

Nous nous sommes ensuite attachés à analyser comment l'étalement avait pu être aspiré par le vide urbanistique que constituaient les zones dites de "campagnes", offrant aux accédants une assise foncière mal préparée à l'accueil résidentiel d'urbains. Cette "ouverture" mal anticipée et mal contrôlée de l'espace rural satisfait une aspiration pavillonnaire, où l'attente de "tranquillité" constitue une motivation prioritaire, traduction d'une nouvelle sensibilité au "paysage"[24]. Les potentialités limitées qu'offre cette forme d'urbanisation, par la consommation d'espace qu'elle engendre, entraîne une montée en flèche des valeurs foncières et immobilières, favorise encore l'étalement tout en provoquant l'inadaptation des réseaux d'acheminement de ces urbains en campagne vers les emplois des pôles urbains[25]. Enfin ce processus favorise une ségrégation socio-spatiale qui rompt avec le premier mouvement d'installation, à caractère de résidentialité secondaire, qu'était le phénomène populaire du "cabanon".

Conduisant notre approche vers des objets de plus en plus petits (des échelles de plus en plus grandes, diront les géographes), des considérations

---

24. Béguin, F. (1995), *Le paysage*. Paris : Flammarion.
25. Le mouvement de sortie des emplois hors de ces pôles urbains est limité. Dans l'aire retenue, ce mouvement concerne toutefois le site de Rousset.

de moins en moins générales et quantitatives, nous aborderons, dans le dernier chapitre de cette première partie, les entités particulières que constituent la maison et la famille qui l'habite, en nous attachant principalement à cerner les valeurs nouvelles qui peuvent aujourd'hui fonder, au regard de son initiateur, cette installation, ne remontant pas, pour la totalité des ménages enquêtés, à moins de huit ans.

Chapitre 3

Des maisons, des familles en périurbain

"La fin de la ville et le règne de l'urbain" est moins une rupture qu'un processus continu, progressif, que traduisait déjà la "rurbanisation", et ce phénomène n'est sans doute lui-même qu'une accélération de tendances observées à la fin du siècle dernier, puis entre les deux guerres avec le phénomène des lotissements.

Les transformations de la ville, son étalement ne peuvent pas s'analyser en dehors du couple ville/maison. Au XIXe siècle, c'est plutôt le rapport maison/production qui marque le passage de la ville médiévale, pré-capitaliste, ville des petits métiers vers la ville industrielle. En se dissociant de la maison, l'atelier ou la boutique sont transférés, par un mouvement où convergent une logique spontanée et des règlements imposés (comme le décret impérial de 1810 sur les établissements insalubres), vers la périphérie où elles vont former des zones industrielles avant l'heure[1].

Le pavillon engage ce mouvement de "décentrement" à la fin du XIXe siècle, à la faveur du développement des réseaux ferrés[2], puis dans l'entre-deux-guerres, la politique d'encouragement à l'accession du ministre Loucheur, et l'activité débridée des lotisseurs spéculatifs renforcent le phénomène. Les effets en sont difficilement contrôlés et fournissent un argument de poids à l'idéologie anti-pavillonnaire qui dominera la période des grands ensembles[3].

Interpénétration de la maison et de la ville

L'entrée dans la société qu'Henri Lefebvre appelait "bureaucratique de consommation" libère le "rêve pavillonnaire" et lui donne un élan que la crise du logement, sa résolution par la solution étatique des grands

---

1. Pinson, D. (1982), *L'indépendance confisquée d'une ville ouvrière*. Nantes : ACL.
2. Hénon, P., Thiébaut A. (1981), *Levallois. Histoire d'une banlieue*. Bruxelles : Pierre Mardaga.
3. Pinson, D. (1992), *Des banlieues et des villes*. Paris : Éditions ouvrières.

ensembles, avaient temporairement stoppé. L'acquisition de l'automobile est concomitante à celle de la maison. Elle est la condition nécessaire à l'établissement distant du pavillon, mais elle ne prend sens que dans la mesure où les services rendus par la maison se sont annexé des fonctions autrefois assurées par la ville. À la différence des logiques analytiques, qui fondent la pensée de l'urbanisme moderne et le sectorise dans les fonctions d'habitat, de circulation, de travail et de recréation, on doit relier ce qui a été séparé pour examiner ce que l'existence de ce lien, ignoré pour les besoins de la procédure de disjonction propre à la science positive, a pu engendrer de perfusion entre les grandes catégories fonctionnelles de l'espace aménagé.

L'"équipement des ménages" procède de cette opération de transfusion entre l'urbain et le domestique. Engagée, elle aussi, de longue date, lorsque la salle de bains a supplanté les bains publics, lorsque le "colloque familial"[4] a eu raison de l'"assommoir", la domestication de l'espace public commence dès lors que la parole publique est captée par la radio dans l'appartement, dès lors que, résistance clandestine cachée dans les replis secrets de la maison, la parole gaullienne de la désobéissance à l'occupant vient établir le lien entre la maison et le maquis, contre la ville occupée.

L'espace public est, d'une certaine manière, intégré dans le monde privé de la maison. Mais l'apparente passivité de son instrumentation domestique par la radio, laissant son accès à la disposition du maître de maison, cache mal la puissance potentielle de cette parole publique. La radio devient bientôt télévision, d'abord chaîne publique, puis chaînes privées. Le café, le cabaret, le concert, le cinéma et le stade, s'introduisent par ce moyen dans la maison, au risque de déserter la ville. Un mouvement s'observe, dont on suit attentivement les effets dans certains domaines : il déplace les réunions urbaines dans l'enceinte domestique, reporte le trop plein de demandes dans la sphère de la consommation domestique, au risque de vider la ville et ses lieux de spectacle.

La maison et la ville deviennent des lieux d'interpénétration régulés, au point que la maison peut s'émanciper de la ville : elle peut intégrer virtuellement la ville ; d'une certaine manière elle la contient. La maison retourne vers la figure ancestrale de la "villa", ce domaine qui, avec le déclin des villes de l'empire romain, avait construit les moyens et les lieux de son autosuffisance, et qui, par un détour linguistique inattendu, s'était substituée à l'*urbs* romaine.

---

4. Verret, M. (1978), *L'espace ouvrier*. Paris : A. Colin.

Entre la maison pénétrée par les loisirs urbains et le stade situé en ville, la rencontre de football se décline alors de plusieurs façons : elle se donne à voir directement au stade, mais aussi, sous condition qu'elle soit télévisée, au café du coin avec des habitués, ou encore chez soi. La qualité du spectacle est loin d'être la même, et si le spectacle urbain est rentré au domicile, c'est en contrepartie d'un accroissement consumériste espéré par un instigateur polytopique : les mondes réels, la ville et la maison, et virtuels, la télévision et internet, sont les univers multiples d'où partent et arrivent sollicitations et commandes, distributions et acquisitions[5].

Même si, depuis longtemps, le courrier, le messager ou la palombe ont constitué des intermédiaires de la communication, le déplacement n'est plus autant l'acte indispensable aux différentes formes du commerce, amicales ou marchandes. Au fond, toutes les machines que les NTIC[6] inventent en redoublant d'ardeur, ne sont que des développements ou des bonds stupéfiants dans la production des langages[7], qui visent à réduire les formes spatiales et temporelles de l'absence et à inventer des formes artificielles de présence, par la simultanéité de la parole ou de l'image. La question que cherche à résoudre l'homme est celle des substituts au transport de son corps. Il peut désormais télé - transporter sa voix, son image, échanger en temps réels avec des absents/présents : il est ainsi parvenu à détacher une part d'expression matérielle de son corps et il tente encore d'en capter une autre part. Car c'est bien le transport des corps qui fait problème et pas seulement les corps humains.

Les corps, humains et matériels, impliquent le déplacement, pour certaines formes de consommation, en rapport avec la part la plus animale de nous-mêmes, ou pour parler d'une manière philosophiquement acceptable, notre part dionysiaque, ou, philosophiquement plus noble, notre part épicurienne. Car nos cultures ne sont pas encore suffisamment acquises aux performances de l'illusion virtuelle (et le seront-elles jamais ?), pour se dispenser du contact des gens et des objets et pour se livrer aux commerces de l'amitié, de la virtuosité ou de l'achat : la nomenclature d'un article de catalogue ou le reportage sur un pays lointain ne remplaceront jamais les expériences de l'examen attentif ou du voyage *in situ*.

5. Selon l'INSEE, le temps de loisirs quotidien, toutes catégories confondues, a augmenté en France d'une demi-heure entre 1986 et 1999 (de presque un quart d'heure pour les actifs). La télévision en a été la principale bénéficiaire, avec une écoute-regard de deux heures par jour en 1999 (voir Dumontier, F., Pan Ké Shon , J.- L. (1999) "En 13 ans, moins de temps contraints et plus de loisirs", *INSEE Première* n° 675).

6. Nouvelles technologies de l'information et de la communication.

7. Lévy, P. (1990), *Les technologies de l'information*. Paris : La Découverte.

La maison procède du même constat : son émancipation n'est que partielle : l'habitant est contraint au déplacement pour le travail, professionnel ou scolaire, comme pour les mobilités engendrées par les loisirs et les services. Même si une domiciliation/domestication de certaines activités professionnelles renoue avec une économie domestique ancestrale supplantée au XIXe siècle par l'essor de la grande industrie, cette perspective reste étroite. Mais, dans le domaine de la récréation ou de la consommation, à la différence des déplacements de travail et de services, l'accès aux objets, aux loisirs et à la culture est servi par des possibilités d'une bien plus vaste ampleur : la commande peut se faire sous les formes multiples de la correspondance, en VPC, ou par le déplacement vers une destination choisie, un lieu de densité et d'urbanité, qui associe à l'opération d'achat la "sortie en ville", pratique d'urbanité où s'entremêlent le spectacle de la ville, la palpation des objets et le côtoiement des autres.

La maison peut donc ainsi contenir une partie de la ville, de ses activités et de ses services de commerce, matériels et culturels : des réseaux techniques ont compensé ou soulagé des démarches que la rencontre en face à face nécessitait autrefois. La duplication, dont Wittgenstein avait noté la puissance à travers la reproduction photographique des œuvres d'art, que seule la détention personnelle permettait antérieurement de connaître, s'est généralisée en diffusion, installant à domicile les œuvres de Cézanne par CDRom interposé comme les catalogues de la Redoute et d'Ikéa, la retransmission de la finale des coupes de France, d'Europe ou du Monde, et les derniers événements du jour. Un jeu d'exclusivité subtil se déroule désormais dans l'exploitation du corps à corps et du tête-à-tête, du contact et du spectacle, du physique et du virtuel, de la présence et de la distance, du direct et du différé. Un régime complexe de droits à la consommation du spectacle et de l'information régit la place en direct, la redevance en différé ou la publicité imposée au téléspectateur.

La "sortie" est l'alternative d'un repli domestique que la culture familiale construite par les valeurs bourgeoises[8] de la fin du millénaire passé a distillé dans un corps social qui occupait autrefois bien plus la rue, l'espace public. Dans la somme de consommations, d'informations, de spectacles, d'activités ludiques concentrées dans la "vidéosphère"[9], la "sortie" ne constitue qu'une lucarne temporelle dont le caractère exceptionnel sera d'autant plus

---

8. Perrot, M. (1987), *Histoire de la vie privée, de la Révolution à la Grande Guerre*. Paris : Le Seuil.
9. Debray, R. (1992), *Vie et mort de l'image. Une histoire du regard en Occident*. Paris : Gallimard.

valorisé : son caractère de rareté relative sublime ce que la densité de l'offre "vidéosphérique" tend à banaliser sur les écrans placés dans la maison.

Le monde se redistribue : intérieur et extérieur se confondent, comme le proche et le lointain, entraînant dans cette confusion la ville et la maison : l'espace urbain se disperse dans l'isolement du pavillon où se diffuse la culture urbaine, virtuellement, mais aussi immédiatement accessible par la mise sous tension des appareils audio-visuels.

De l'actualité de l'habitat comme système réticulaire...

Mais cette interpénétration entre la ville et la maison n'est possible qu'en raison des "chemins" visibles ou cachés, enterrés ou aériens, qui alimentent, distribuent, véhiculent, par des canaux plus ou moins matériels, la "matière" plus ou moins dématérialisée acheminée vers l'espace domestique. L'isolement du pavillon est une illusion que la mise en évidence des réseaux, les si bien et si vaguement nommés VRD ("voirie et réseaux divers"), va dévoiler précisément comme illusion d'indépendance, d'un lien seulement atténué par la technique et que la moindre tourmente viendra douloureusement rappeler, en coupant la maison du reste du monde, en énergie, en information, en eau...

L'homme moderne se délecte des libertés qu'il conquiert, nourrit l'illusion de sa totale indépendance, au risque de la panne sèche en automobile, et milite pour l'enfouissement des câbles et autres réseaux qui lui fournissent l'électricité ou la téléphonie : la chaîne qui lie et relie est aussi celle d'un "esclavage" dont l'homme moderne veut oublier le moindre symbole. L'espace public se remplit alors d'individus monologuant – dialoguant au moyen de ces portables qui accréditent encore le sentiment d'un détachement complet de l'espace et des performances limitées de nos organes, mais ce détachement n'existe qu'en raison des antennes innombrables qu'un regard exercé dénote ici ou là sur les terrasses et les toits, sur les crêtes et les cimes, saturant un paysage où les pylônes ont déjà mauvaise presse.

Les réseaux et les relais constituent des dispositifs dont la société souhaite s'affranchir par la quête d'autres techniques dont l'antenne parabolique constitue un exemple. Une vaste entreprise est engagée, plus ou moins connue, plus ou moins activée par des associations de protection des paysages, qui œuvre pour le camouflage des lignes de transports des fluides et des énergies. Cette entreprise a été menée assez loin dans certains centres historiques et rendue plus aisée pour certaines infrastructures dans la mesure où la continuité du bâti facilitait ce travail (câblages électriques et téléphoniques souterrains...).

La maison participe de cette préoccupation, car son isolement et son éloignement des sources d'énergie et des autres dispositifs de raccordement et de recyclage ont multiplié les installations de poteaux et de pylônes en tous genres nécessaires au transport des flux d'énergie ou d'informations comme l'enfouissement de kilomètres de canalisation d'eau potable. Mais ce n'est pas tant son éloignement de la ville que l'univers de consommation dont elle relève qui implique ces raccordements. L'établissement rural d'autrefois assumait son autarcie dans une auto-production relative, que fondait en premier lieu l'existence de la source ou du puits, cependant que les reliefs de la consommation du groupe domestique se trouvaient en grande partie résorbés dans un cycle écologique local.

La maison isolée des campagnes urbaine et son mode de vie urbain inscrivent aujourd'hui son existence dans un système interdépendant, d'où elle puise les matières de sa consommation et vers lequel elle rejette ses déchets. Ainsi à l'interdépendance fondée sur la proximité s'est substituée l'interdépendance fondée sur les réseaux. L'alimentation et l'enlèvement des déchets ménagers engendrent, pour la maison, un dispositif réticulaire, qui, en milieu urbain, profite des mitoyennetés et de la densité, mais, en zone isolée, est contraint de développer des linéaires démesurés de câbles, de canalisations et de circuits de bennes-ordures.

Ce réseau s'arrange des bricolages techniques des fournisseurs qui, dans le souterrain des enfouissements ou dans l'aérien des pylônes et des poteaux, ont pris la mesure des enjeux de marché situés dans les ressources, énergies et résidus liés à la consommation urbaine des maisons. Bien plus que les macro - infrastructures de la voirie, ce dispositif réticulaire flotte dans le non-dit ou plutôt l'impensé des sciences sociales : le discours sur l'autonomie des individus ne prend pas la mesure de ces interdépendances réticulaires. On pourrait s'interroger sur l'existence d'un jeu à somme nulle, qui, pour une offre d'autonomie permise par une avancée technologique, ménage en contrepartie une dépendance mal appréhendée, non seulement par le sujet qu'elle concerne, mais aussi par l'observateur qui en suit les comportements.

Ainsi en est-il de la maison du périurbain, dont l'isolement n'est qu'apparent, efficace en regard de certaines attentes, mais illusoire quant à son réel degré d'indépendance. La maison est enserrée dans un ensemble de réseaux qui l'intègrent à un système irradiant, constitué de pôles générateurs et de nœuds de connexion, et dont l'efficacité ne se limite pas à une pure effectivité technique. La voirie prolongée que sollicitent les habitants du périurbain se fraie une avancée qui s'appuie sur les chemins ruraux et les droits de passages ancestraux figurant dans les actes notariaux, et les voies ainsi ouvertes perdent leur usage de chemin d'exploitation agricole pour devenir les voies d'exploitation des réseaux d'eau potable et d'électricité alimentant les maisons des zones NB. L'acheminement de l'eau et de l'énergie est immédiat, continu sauf accident, donnant ainsi à la maison les moyens d'un confort urbain couplé avec les avantages d'un retrait champêtre : un nouveau mode de vie s'élabore qui "urbanise" d'une certaine manière la maison.

L'apport d'énergie ou d'information est la partie valorisée de la vie domestique ; elle est subjectivement détachée d'une autre mais qui lui est pourtant objectivement associée, et dont la résolution est plus délicate : l'épuration et la répurgation constituent les contraintes dont les nappes phréatiques font les frais et les SIVOM[10], tant bien que mal, leur affaire. L'enlèvement des ordures en périurbain ne se différencie des situations plus urbaines que par l'augmentation des trajets et le volume des enlèvements, mais celui de l'épuration individuelle s'en distingue par le mode de traitement, laissé à la capacité d'absorption d'un terrain d'au moins 2 000 m2. Ces questions mal appréciées sont un peu, au pavillon isolé, ce que les gaz d'échappement sont à l'automobile, avec peut-être un plus grand laisser faire et une moindre grande conscience de leur effet.

Il existe manifestement une disjonction dans la manière de penser le pavillon et son rapport à la ville. L'interpénétration plus intense de la ville et de la maison est une réalité de la consommation domestique dont les évolutions récentes sont elles-mêmes mal appréhendées. Les effets de cette évolution sont faussés par l'inertie de la coupure culturelle entre le public et le privé qui trouve son origine dans le lointain du fonctionnement familial, et que l'idéologie bourgeoise et familiale a manifestement renforcée au XIXe siècle dans une conception très précise du logement et de la famille, dans cette "tyrannie de l'intimité" dont parle Richard Sennett[11]. Ce secret du domestique est sans doute une conquête de liberté, en tout cas pour un "chef de famille" ; opposé à la "publicité" du siècle, il nourrit aussi l'illusion d'une indépendance de la sphère domestique vis-à-vis de la société. Illusion, car l'irruption de l'espace public virtuel des média pénètre au contraire la maison avec une force considérable, par la vertu de l'électronique domestique. Et, sans leur "raccordement" à une source d'énergie et leur "alimentation" à des programmes largement nourris et justifiés par la compensation aux frustrations produites par les inégalités sociales et l'étalage des réussites individuelles, ces appareils seraient totalement impuissants.

---

10. Syndicats intercommunaux à vocation multiple.
11. Sennett, R. (1979), *Les tyrannies de l'intimité*. Paris : Le Seuil.

Une abondante littérature grise est parue concernant la sociologie de la famille et de l'habitation. Elle reste largement ancrée dans le paradigme de séparation du public et du privé, à partir duquel étaient étudiées les pratiques et les représentations domestiques, tant au point de vue quantitatif que qualitatif. À juste titre, le critère de l'autonomie et de l'intimité familiales a été utilisé pour mettre en parallèle sinon comparer les différents modèles de logement, et pointer notamment l'atonie du collectif social, son incapacité à laisser éclore la volonté d'affirmation des différences familiales. Le discrédit du logement collectif dans son ensemble a puisé ses arguments de la caricature qu'a constituée le logement social collectif d'urgence des grands ensembles et nourri une sublimation de l'individuel fondée sur une capacité d'autonomisation du pavillon, elle-même largement adossée à l'illusion de son détachement du monde. Discrédit et sublimation se sont alimentés et renforcés : il est temps de voir comment la nécessité de la liberté domestique se compose avec le besoin d'un lien à la ville, ou tout simplement l'existence d'un rapport à l'urbain, qui passent eux-mêmes par des formes diverses de mise en relation, de communication, sous forme de réseaux, visibles et invisibles, aériens et souterrains, et de déplacement de corps et d'énergies le long de ces réseaux.

Nous avons ici cerné les réseaux matériels qui distribuent énergie et information dans la maison, en font un élément indissociable de la ville, une sphère où le public gagne le privé tout en restant contrôlé par ce dernier. Avant d'en venir aux liens par déplacement des corps et à la construction de territoires liés à la maison par ces pérégrinations, qui l'institue en centre d'un système de lieux externes (seconde partie de l'ouvrage), regardons plus précisément le contenu et le sens interne de la maison du périurbain, tel qu'ils sont parlés par ses habitants ; examinons dans cette optique en quoi la "villa" du périurbain constitue une forme particulière de l'habitation individuelle.

Valeurs anciennes et nouvelles de la maison

La maison patrimoine

"Au XIXe siècle, écrit Michèle Perrot, la maison est une affaire de famille, son lieu d'existence et son point de rassemblement. Elle incarne l'ambition du couple et la figure de la réussite. Fonder un foyer, c'est habiter une maison"[12]. Les notions d'intimité, de "chez soi", en émergence

12. Perrot, M., *op. cit.*

dès le XVIIIe, n'ont cessé de s'amplifier pour aboutir, il n'y a pas si longtemps, à l'ère du "cocooning"...

Pourtant cette maison, nous l'avons souligné, bien que portant en elle le repli domestique, intimité de la vie privée, évolue à grands pas, pour devenir "la maison monde" à l'heure d'Internet : elle s'offre de nouveaux espaces, donnant accès à une intrusion publique au cœur de sa vie privée[13]. Les familles interrogées ne se situent pas forcément toutes dans cette perspective, mais, parmi les couples ayant les plus jeunes enfants, l'ordinateur, nouvel accessoire domestique, prend une place des plus enviables.

La maison individuelle en accession à la propriété est la concrétisation d'un modèle d'habitat largement apprécié des diverses couches sociales. Pourtant cette forme de logement et plus particulièrement la propriété sont des faits relativement nouveaux en regard de l'histoire de l'habitation. De manière intrinsèque, la maison possède la vertu de pérenniser la vie de celui qui l'a acquise par sa transmission potentielle aux autres générations. Elle est investie d'une certaine immuabilité qui "produit une représentation où la propriété d'occupation se présente comme immémoriale".

L'histoire montre que, jusqu'au XIXe siècle, habiter et posséder sont des actes différents. La fin du XIXe amorce une tendance inverse ; les deux actes tendent à se confondre pour un plus grand nombre[14], et, à partir des années 70, l'incitation à l'accession a été largement développée par les pouvoirs publics, au point de faire du droit à l'accession, en 1993, "la forme élaborée du droit au logement".

Une telle évolution amène à placer la propriété de son logement comme une évidence pour le sens commun. L'accession à la propriété est conçue, avant tout, comme un moyen de ne pas gaspiller son argent tout en se constituant un patrimoine transmissible. Il est une sécurité, la garantie d'avoir un capital face aux incertitudes de la vie, et, pour les catégories sociales plus fortunées, un capital investi afin de réaliser d'autres projets résidentiels.

À cet égard, la maison n'est pas toujours pensée comme un choix qui engage une vie, notamment pour la catégorie des cadres supérieurs, par ailleurs sur-représentée dans la périphérie aixoise, se sentant plus volontiers de passage. L'installation à proximité d'Aix représente pour ces derniers

13. Il semble que ce ne soit pas seulement le monde qui rentre dans la maison par le canal informatique, mais aussi le "pirate"...

14. Cuturello, P. (1997), *Dialogues de propriétaires*. Paris : Plan Construction Architecture et Habitat.

une valeur sûre d'investissement pour d'autres projets résidentiels. Ils ont une faculté de projection qui intègre la notion de cycle de vie dans la représentation de leur parcours résidentiel. La maison est perçue comme un point d'ancrage temporaire, dans le sens où ils ne manifestent pas de désir d'enracinement.

À l'opposé, pour les anciens Marseillais, les "locaux", pour qui la valeur patrimoniale est aussi très forte, la maison représente davantage un lieu d'enracinement. Un tel type de population, fortement sédentarisée et vieillissante, marque l'histoire de Cabriès et de son peuplement, cependant que Fuveau est bien plus caractérisé par l'histoire des cités ouvrières, typiques de l'industrie minière. La propriété prend ici et là toute sa valeur en regard de la fuite des conditions de logement antérieures : bien des familles vivaient autrefois en HLM, ou dans une autre forme de logement collectif, et de toute façon en ville.

Les familles retenues pour notre enquête sont composées, surtout à Cabriès, d'un grand nombre de primo-accédants. Ces "locaux", que nous avons donc distingués "colons", peuvent être considérés comme des pionniers de l'aventure pavillonnaire. S'ils ont pu bénéficier des aides familiales, ces accédants n'étaient pourtant pas, auparavant, dans une culture de la propriété. Les conditions (favorables) de prêts dans les années 70, marquées par une forte inflation en contexte de crise économique naissante, ont facilité leur accession à la propriété et les ont poussés à se lancer dans l'aventure.

Et aventure il y a ! puisque, dans la majorité des cas, l'installation sur la commune de résidence s'est faite par opportunité, le lieu de travail déterminant un rayon d'implantation maximal, dans un contexte de mobilité encore peu performante. Pour les plus anciennement installés de ces "locaux", le lieu de travail étant généralement situé à Marseille, l'aventure périurbaine s'est arrêtée à Cabriès, qui, depuis le début du siècle, avait fait office de "campagne" marseillaise. Ces premiers installés, majoritairement des Marseillais, ont vécu leur installation comme un choix profond, décisif, lié au rejet de la grande ville et au désir d'être propriétaire. Les sacrifices consentis, notamment en matière de trajets, pouvaient être particulièrement lourds, tant pour le chemin du travail que pour l'accès aux équipements socio-éducatifs, à l'époque largement déficients!

Pour les familles arrivant en deuxième phase de périurbanisation, l'installation à l'écart des villes centres, même si elle bénéficie de meilleures dessertes (nouvelles infrastructures routières), devient de plus en plus conditionnée à la présence d'équipements à proximité (écoles et collèges, services sanitaires, offres socio-éducatives). Mais elle est aussi fortement contrainte par les prix du marché : la "juste distance" à la grande ville, entre trop grande proximité et éloignement trop important, tend à recouvrir un prix exorbitant. Ceci est particulièrement vrai pour les ménages installés à Fuveau.

La "villa", un "chez soi", à soi et pour les enfants

La maison du périurbain, dans un cadre plus ou moins privilégié, résultat d'un choix déterminé, est vécue comme un lieu calme, retiré, hors des nuisances de la ville. Ce choix est inscrit dans le temps long de l'accession à la propriété, dans le désir de se constituer un patrimoine à tout prix et surtout au prix de grands sacrifices[15]. La maison apparaît dès lors comme l'écrin favorable à l'épanouissement de la famille ; elle est proposée comme telle par les promoteurs immobiliers et habiter le périurbain est un choix qui correspond à une étape dans le cycle de vie, celle de la consolidation d'une famille dont la plupart des enfants sont nés peu avant la réalisation de la "villa".

Et c'est aussi, pour certains, l'ensemble des membres de la famille large qui se retrouve mobilisé dans cette accession : différents chercheurs ont ainsi souligné le rôle de la parentèle dans les aides pour la constitution de ce patrimoine, selon des logiques intergénérationnelles. Nous avons retrouvé, parmi les familles retenues pour notre étude, le témoignage de ces aides matérielles des proches à l'installation, tout particulièrement chez ceux que nous avons appelés les "locaux". Dans ces familles, on a bien souvent hébergé le jeune ménage le temps de la construction.

À Fuveau, il existe, dans une partie appréciable de la population de cette commune, une culture ouvrière (Gardanne est proche) qui influence la manière dont se réalise le rêve pavillonnaire. Cette tradition, qui combine l'aide multiforme de la famille (hébergement temporaire, coup de main, soutien financier) aux prêts de l'entreprise, peut aller jusqu'à la pratique de l'auto-construction[16]. Cet engagement est alors source de fierté et d'attachement :

> Elle : *Mais moi j'ai toujours eu dans la tête de faire une maison... moi j'étais beaucoup plus motivée car j'avais eu l'exemple de mes parents, qui avaient acheté une maison, ça s'appelait les Castors à l'époque (ça s'appelle toujours les Castors, le quartier), et c'était eux-mêmes qui faisaient leur maison et moi j'avais trouvé (enfin ! en grandissant on le voit avec des yeux d'adolescent et puis d'adulte), je trouve que c'était un acte, comment dire ?... responsable ! En*

---

15. Cuturello, P., Godard, F. (1982), *Familles mobilisées: Accession à la propriété et notion d'effort des ménages*. Paris : Plan Construction.

16. voir à ce propos Verret, M. (1979), Pinson, D. (1988), *op. cit.*, et Schwartz, O. (1990), *Le monde privé des ouvriers. Hommes et femmes du Nord*. Paris : PUF.

plus et je disais toujours à [mon mari] il faudra qu'on fasse une maison... mais lui, il était moins motivé que moi... mais j'ai réussi à le motiver en fait !
Lui : *...donc je me suis rendu à l'évidence qu'il fallait que je la fasse, je me suis armé de courage et puis finalement j'y suis arrivé et j'en suis fier... En même temps, je faisais les 3/8 à la mine et ça me permettait d'avoir plusieurs jours d'affilés de repos... Les 3/8, c'est fatigant, mais, d'un autre côté, ça vous permet d'avoir six, sept jours de repos d'affilée ! j'avais même jusqu'à neuf jours pour peu que des fois vous ajoutez vos congés derrière...*
Elle : *Il y avait un bon suivi de travaux et pendant cette période-là pour ne plus payer de loyer, parce que moi je ne travaillais pas et donc c'était difficile, c'est mes parents qui nous ont logés sur Gréasque...*(Cid, Fuveau)

Dans de nombreux cas, l'accession à la propriété, pour les ménages, est un moyen de ne pas gaspiller son argent tout en constituant un patrimoine, pour les enfants, mais aussi pour d'autres projets résidentiels.

C'est-à-dire que c'est toujours pareil : quand on est locataire, on dit : "on jette l'argent par les fenêtres", que là, en définitive, c'est quand même un patrimoine qui va rester dans la famille, on a quand même deux filles, leur donner quelque chose à la fin... oui ! c'était un objectif, pour nous et pour les enfants ! parce que quand on payait 3500 F/mois il y a dix ans en arrière... aujourd'hui on paye pareil (4 000 et des poussières) et au départ même moins, c'est un taux progressif... (Mme Delœil, Fuveau)

Propriétaire, c'est quand même une rentabilité à moyen terme... c'est-à-dire plutôt que de payer des loyers à fond perdu pendant des années, il vaut mieux faire un crédit et être propriétaire et avoir un patrimoine après... J'étais déjà propriétaire à Marseille et à Champfleury ... (M. Guérin, Cabriès)

Ici, le désir de rester dans la maison jusqu'à la fin de ses jours et de la transmettre en héritage semble une évidence. Cette attitude est celle, surtout à Cabriès, d'une population vieillissante et fortement sédentarisée, représentative d'un peuplement d'anciens Marseillais. Les cadres supérieurs, originaires d'autres régions et plus récemment installés, ne manifestent pas, pour leur part, ce désir d'enracinement.

Pour eux, la maison du périurbain n'est pas pensée comme une solution qui engage une vie. Ce choix est souvent fait en fonction des enfants (il faut leur offrir un environnement agréable), sans que pour autant l'investissement à réaliser ne soit négligé. Les aléas de la vie professionnelle, à des postes de responsabilités qui impliquent souvent une grande mobilité, ont habitué cette catégorie à considérer le logement comme un moyen dans le parcours professionnel et non comme une fin en soi, même si ce moyen doit répondre à des exigences élevées de confort. Par ailleurs le fait que les enfants grandissent (et n'auront pas les mêmes besoins) les convainc progressivement qu'ils ne finiront pas leurs jours sur place.

La "villa" n'est pas donc pas toujours un lieu aussi fondamentalement central, même si pour les ménages les plus modestes, la sédimentation installatoire a donné consistance au rêve d'accession. Les catégories sociales aisées ont, pour leur part, un détachement qui place la luxueuse maison, aujourd'hui occupée, dans un "à venir", un espace/temps totalement flous. Elle est presque instituée en anecdote dans un parcours résidentiel dont l'horizon n'est pas défini. Cette maison il faudra bien la quitter un jour, pour un ailleurs laissé ouvert (la même région, les Antilles... pourvu que le soleil brille !)[17].

> Lui : *Jusqu'à la retraite, oui !* a priori...
> Elle : ... *jusqu'à ta retraite c'est-à-dire jusqu'à ce que les enfants, enfin jusqu'à ce que Clément, le deuxième, s'il fait ce type d'études, passe son bac ou autre chose... disons : jusqu'à ce qu'il soit appelé à se déplacer un petit peu plus loin pour ses études ou jusqu'à ce qu'il soit un petit peu plus autonome !*
> Lui : *Des projets, oui ! de toutes façons, quand on sera à la retraite, ça voudra dire que les enfants seront grands, ils seront plus ici... donc pourquoi habiter encore une grande maison avec un grand terrain avec piscine ?*
> Elle : *On n'aura pas besoin de tout ça !*
> Lui : *Donc à la limite on envisage peut-être d'aller dans un coin où il fait chaud toute l'année, où on puisse avoir des bougainvilliers ou des mimosas toute l'année, où il ne gèle pas tout en ne perdant pas le contact avec les montagnes... pas forcément à l'étranger, peut-être sur la côte ou en Corse, ou je ne sais pas... ou dans les Antilles, on a pas mal voyagé, on a déjà une petite idée... mais ça peut encore s'affiner, mais bon ! aller entretenir une grande maison comme ça quand il y aura plus les enfants ! ...*
> *... professionnellement ça fait quatre ans qu'on est là : trois mutations que je refuse, bon ! donc là, c'est un choix volontaire de sabrage parce que ma famille a un peu donné; ceci dit, ils seront un peu plus grands, d'ici pas tard, j'espère pour eux qu'ils feront des études ; donc ils seront ailleurs... Quand l'occasion sera donnée, si mon épouse est d'accord, on refera quelque chose, soit déjà au niveau professionnel puisqu'il me reste quand même un peu de temps, soit si c'était un choix délibéré au moment de la retraite ou avant, je ne pense pas qu'on passerait notre retraite ici...*
> *...Ça va parce qu'on est jeune, c'est pour ça que je suis sûr qu'on restera pas là-dedans éternellement, c'est globalement quelque chose de lourd, et tous nos amis, nos voisins proches, on a souvent ce genre de discussion, et on a presque*

17. À la limite, cette maison reste une affaire de femme (un bijou de femme, même) que l'on accepte dans la mesure où elle n'empiète pas sur son propre caprice de BMW haut de gamme (tardivement avoué dans l'entretien).

tous la même logique (c'est presque tous des pièces rapportées qui ont bougé)... on a presque tous les mêmes âges, et tous à peu près la même vision, on a le dynamisme, les enfants c'est bien ! on a la piscine, le terrain, le jardin, et puis ils feront leurs études, ils feront ceci... et puis on verra les choses autrement, tous ! On n'est pas dans les mêmes domaines, mais c'est des gens d'une même approche intellectuelle... (Boucher, Cabriès)

Lieu du "chez soi", à soi, patrimoine transmissible ou investissement reconvertible, la maison du périurbain apparaît donc aussi comme un lieu favorable à l'épanouissement des enfants, et leur bien-être est souvent avancé avant le patrimoine comme argument principal de l'accession en maison individuelle.

Lui : *bon... elle a été conçue pour nous, mais aussi pour les enfants !*
Elle : *On a fait les plans ensemble d'ailleurs...*
Lui : *Oui ! c'est ce que je disais... je dirais qu'à la limite tout le côté piscine et tout ça, ça a été fait en partie pour eux, bon ! c'est sûr qu'à partir du moment où ils seront plus là...*(Blé, Fuveau)

L'image de la femme, actrice essentielle de leur éducation, s'y trouve fortement présente : elle est l'"âme de la maison". Dans tel cas, la maison sera conçue et réalisée pour faire plaisir à la femme, qui, en déménageant, a perdu son emploi. Dans tel autre cas, la femme joue une fonction véritablement cathartique dans l'ambiance tant matérielle que morale qui "anime", au sens étymologique du terme, la métamorphose de la maison. Achetée auprès d'anciens propriétaires, "*elle n'avait pas d'âme parce qu'ils se disputaient, c'est* [ma femme] *qui a conçu la maison telle qu'elle est aujourd'hui*" (Coulomb, Fuveau). Dans cette famille – catholique – de cinq enfants, l'image de la famille, pilier de la tradition, est très présente.

La villa, comme type d'habitation qui repose sur la valeur morale "famille"[18] interroge la conception de la vie privée. Le jardin, la qualité des espaces intérieurs (chambres individuelles pour les enfants entre autres) sont des exigences recherchées. S'y ajoute, parmi certaines des familles visitées, la piscine, accessoire convivial qui renforce encore la centralité domestique, en limitant les demandes de sorties extérieures des enfants. La villa est par là-même un lieu de réception pour les enfants, qui disposeront ainsi d'une chambre individuelle spacieuse pour inviter leurs amis et d'une piscine qui sert bien souvent aussi à recevoir les copains. L'espace de la maison devient ainsi cocon, à partir de relations choisies, sélectionnées.

18. Coutras, J. (1996), *Crise urbaine et espaces sexués*. Paris : Armand Colin.

Des loisirs largement repliés sur la maison

Parée de ces vertus, cette maison est un lieu d'investissements, qui mobilisent autant les économies du ménage pour sa réalisation, que son temps libre dans la recherche des meilleures dépenses sous toutes leurs formes, monétaire et personnelle. Il est nécessaire de travailler pour pouvoir être propriétaire, et la maison acquise exige bien souvent beaucoup d'autres dépenses, et d'énergie, pour qu'on puisse bien y habiter. Les efforts financiers consentis sont importants et sont souvent répercutés sur les pratiques de loisirs[19], qui, en partie pour cette raison, sont largement centrées sur et dans la "villa". Les personnes interrogées disent faire peu de choses le week-end et la maison, présentée comme lieu de repos, de déconnexion, "un hâvre de paix", fait quasiment figure, dans ce lapsus révélateur, de résidence secondaire :

> *On n'a pas trop envie de sortir quand on est ici, on reçoit les enfants... on en a quatre... notre vie a évolué puisqu'on est passé de l'appartement à la maison secondaire, euh... individuelle !* (Mme Guérin, Cabriès)

Objet d'un effort d'épargne antérieur, la maison, dans les milieux modestes, et une fois l'accession acquise, appelle un redoublement de cet effort, une concentration sur l'économie des dépenses, qui conduit à profiter au maximum de ce bien, à neutraliser le temps passé en dehors de ce lieu, qui peut être source de dérapages pécuniaires, et ce pour ne pas dépenser. Le leurre des zones commerciales est alors dénoncé, au nom d'une morale qui, en sublimant les valeurs familiales, évoque implicitement la villa comme centre du "colloque familial" (M. Verret) :

> *Déjà moi je m'y refuse dans ce systématisme de balader dans les grands magasins... d'une part, ça tente ! et ça fait dépenser plus de fric qu'on pourrait en gagner... deuxièmement je trouve que ça enlève les valeurs familiales... c'est mon point de vue... le dimanche, en famille, je trouve qu'il est complètement cassé...* (Mme Cid , Fuveau)

"Profiter de la maison" est aussi une manière d'expurger le harassement résultant de la mobilité obligée de la semaine. L'installation en périurbain était déjà perçue, avant l'accession, comme le risque de déplacements plus longs, voire plus nombreux. Si auparavant le contexte étouffant du logement en ville pouvait inciter à des sorties les jours de repos, celui de la "campagne urbaine" institue la résidence principale en villégiature dominicale. De fait, les pérégrinations durant la semaine étant importantes,

19. *Ibidem.*

vécues sur un rythme soutenu, et les contraintes de ravitaillement et d'entretien du hâvre domestique étant souvent réservées au samedi, le temps de repos se concentre généralement sur un seul jour : le dimanche. La "villa" elle-même est la plupart du temps le support de ce repos, mais parce qu'inscrite dans un environnement qui le favorise (la "campagne urbaine") et qui devient lui-même un vaste jardin quasi public prolongeant pour certains le déjà grand jardin privé :

> *C'est-à-dire qu'on est tout le temps en train de bouger toute la semaine, alors le dimanche... c'est la maison, c'est la nature, c'est monter à la Sainte-Victoire, nous la détente, c'est pas la foule, j'ai pas tellement envie le dimanche de me faire piétiner, d'avoir du bruit ! j'ai envie d'être un peu tranquille, parce qu'on a une semaine assez "speedée"...* (M Blé, Fuveau)
>
> *On n'a pas envie de sortir, moi c'est la lecture de magazines d'information ou autres ; mon mari, c'est le jardinage...* (Mme Guérin, Cabriès)
>
> *Quand on habitait en ville, la première préoccupation, c'était de partir le vendredi soir jusqu'au dimanche soir ; quand on est arrivé ici, ça été le contraire, arriver le vendredi soir et ne plus bouger jusqu'au dimanche... c'est un mode de vie...* (Mme Lauthier, Cabriès)
>
> *Moi, ma liberté, elle est vite trouvée, elle est cantonnée là... moi, je rentre ici et c'est fini...*(Mme Gaudin, Cabriès)
>
> *Mon mari jardine, le samedi après midi. Le dimanche, on essaye de ne pas trop bricoler, soit on reste ici à buller, soit on essaye de profiter de la famille, on va se promener...*(Mme Blé, Fuveau)
>
> *L'hiver, c'est vrai qu'on passe pas mal de week-end... bon le samedi, on le consacre au ménage et le dimanche, on le consacre un peu à la télé... un peu à faire des jeux avec les enfants : on est un peu casanier !* (M. Cid, Fuveau)
>
> *On deviendrait un peu pantouflard...* (M. Boucher, Cabriès)

Cette maison, vécue comme lieu de retraite, menace toutefois ses occupants d'un repli qui peut devenir enfermement, isolement, risque dont beaucoup savent se garder en "sortant", au marché de Gardanne, ou pour une autre occupation, en "bougeant" le week-end, et faire de cette "sortie" nécessitant déplacement un plaisir, y compris lorsque l'on parcourt les grandes surfaces avec des amies :

> *On essaye de sortir, de prendre l'air...* (Mme Coulomb, Fuveau)
>
> [Au marché] *...même si on se marche les uns sur les autres, on n'est pas enfermé !* (M. Delœil, Fuveau,)
>
> *Le samedi, le dimanche, si on bouge, c'est uniquement pour le plaisir... la balade, le plaisir, le cinéma... J'aime tout : les magasins, l'arrêt boisson et gâteau obligatoire ce jour là, tout quoi ! le plaisir, c'est le week-end...*(Mme Martin, Fuveau)

Lieu de ressourcement par le repos, la maison inscrit son habitant dans un climat de permanence (la racine des deux mots : "maison" et "permanence" est la même[20]) : elle crée en effet une rupture dans le flux habituel du rythme "stressant" de la semaine, instaure une forme d'arrêt subjectif du temps par la fixation dans un espace qui renoue avec l'immobilité d'un paysage, le rythme lent des saisons qui en affectent seulement certains traits secondaires, comme la "couverture" végétale. La "villa", lieu d'une stabilité recherchée, symbole d'une maîtrise de sa vie, hors d'une vie professionnelle dont elle dépend néanmoins largement, n'est pourtant pas un lieu d'immobilité : le repos n'est pas la mort, ni même le sommeil, mais une "temporisation", une respiration, qui, par la nature des activités qu'elle appelle, fait de l'occupation du moment un acte de plaisir, de réalisation de soi par les activités de bricolage, de jardinage, de décoration, un lieu que l'on construit, entretient et aménage et en y trouvant satisfaction personnelle.

Satisfaction d'hommes, certes. L'un d'entre eux dira, non sans fierté : *"Cette maison, je l'ai suée"* (Cid, Fuveau). Mais beaucoup de femmes considèrent aussi que, même si elles ne font pas les gros travaux pénibles, elles ont cependant mis la main à la pâte, en s'occupant, comme c'est la "tradition", de la décoration, mais aussi en faisant les peintures, et même en aidant à la maçonnerie. Si ce travail est considéré par les milieux modestes comme un accomplissement dont on est en droit de tirer une certaine fierté, il sera au contraire vécu comme une charge, notamment chez les cadres supérieurs qui ne goûtent pas forcement des joies du bricolage lié à l'entretien de la maison. Pour eux le bricolage est une corvée qui empiète sur d'autres distractions.

> *On travaille au sens large, j'espère que c'est un passage, mais ça fait longtemps que ça dure, soit pour le boulot, soit pour la maison... il y a le jardin qui nous prend du temps !* (Boucher, Cabriès) (au sujet des week-end)

Le jardin, espace convivial, avec ses contraintes

Le jardin occupe une place privilégiée dans la vie des ménages installés. Il est un bout de nature anthropisée dans une "campagne urbaine" dont la beauté paysagère, mélange d'un substrat naturel et d'une action humaine ancestrale, participe d'un autre type de patrimoine que celui de la villa, qui en consolide encore la valeur foncière, immobilière, mais aussi affective. Des diverses conceptions qui se formées autour des vertus de la nature, de son artialisation, et de ses bienfaits pour la ville, notamment celle, mythique,

---

20. Du latin *manere*, rester.

du jardin d'Eden, celle, esthétique, du jardin d'"agrément", et celle, hygiénique, de l'espace vert, il semble qu'il se soit formé de nos jours une conception contemporaine non savante qui intègre ces différentes dimensions.

Le contenu utilitaire de la culture potagère ne fait plus véritablement sens pour le propriétaire d'une villa, et, même lorsque l'établissement en "campagne urbaine" a été motivé, après l'exercice d'autres métiers, par une activité d'élevage de chevaux à finalité commercialo-ludique (M. Garabian, Cabriès), c'est bien davantage les qualités décoratives du jardin, la préservation d'une pratique d'auto-production menacée ou la redécouverte des vertus des "produits naturels" qui sont au principe de l'occupation jardinière.

On doit cependant remarquer que cette place du jardin, si elle est peut-être partagée au sein du couple, n'occupe généralement qu'une seule personne dans le ménage. Le jardin est alors pour certains une véritable passion, qui peut les amener à parcourir des kilomètres pour aller chercher tel ou tel plant ou tel ou tel engrais.

> *Je connaissais un petit peu le jardinage et puis j'ai ouvert des livres et je l'ai créé à mon idée... oui c'est un plaisir, créer un jardin, créer un massif...* (M. Blé, Fuveau)

> *Ça a toujours été mon violon d'Ingres... moi, je passais mes week-end et mes soirées quand je revenais du boulot...*(M. Lafol, Cabriès)

> *Je consacre beaucoup d'amour et de sueur... Et puis quand je trouve quelque chose qui me convient, peu m'importe la distance, je peux aller jusqu'à Aubagne pour aller chercher un terreau...* (M. Gaudin, Cabriès)

Cette attitude se retrouve chez tous ces passionnés de jardin qui ont une bonne connaissance des lieux de ventes aux alentours. Cette passion peut être onéreuse : un compte personnel est alors ouvert, alimenté par des arbitrages de matchs de football pour satisfaire pleinement cette passion, à une époque où les charges du ménage et de la maison étaient plus lourdes (M. Gaudin, Cabriès). Car ce jardin représente, de toute façon et dans la plupart des cas, une charge budgétaire indiscutable. Il faut, bien souvent, planter sur un terrain nu et, pour un couple rencontré, il n'y a pas de petites économies : les sapins de Noël participent au projet de plantation, de même que les amis offrant des plantes.

> Lui : *Par exemple, pour les sapins de Noël, chaque fois, on prend un sapin en pot et on le plante, je trouve ridicule d'acheter un sapin coupé... pourquoi les gens ne vendent pas des sapins en containers, quitte à ce que les gens qui sont en appartement les mettent dans la rue et puis il y a des gens qui les récupèrent et les replantent ? Donc, par exemple, tous les sapins que vous avez là, c'est un*

par Noël... après on a mis des rosiers... puis on va au marché à Gardanne. On prend beaucoup à R... parce que c'est à côté... M'enfin... on achète peu parce que...
Elle : *On a beaucoup de cadeaux aussi, des amis de la famille...*
Lui : *On prend beaucoup de fleurs ! des petites fleurs en pots à 50F les 10, ça vous dure tout l'été...* (Martin, Fuveau)

La question du jardin associé à la villa n'est pas, dans bien des cas, dissociable elle-même de la préférence de nombre d'habitants du périurbain pour les vastes parcelles de 4 000 à 10 000 m2. En les acquérant, ces accédants prennent pour ainsi dire des options sur les "espaces naturels", désignés ou non comme tels dans les documents réglementaires du POS, et incluent de cette manière, dans leur propriété, dans leur propre "domaine", des parcelles de nature, des morceaux de paysages, plus ou moins anciennement cultivés ou exploités, dont la superficie rend bien difficile une artialisation totale.

En conséquence, si les maisons de lotissement à 500 m2 offrent un espace extérieur ayant l'avantage, à défaut d'une totale intimité, de pouvoir être raisonnablement maîtrisable par leur propriétaire, entre potager et jardin d'agrément, les grandes parcelles des zones NB s'annexent des surfaces où coexistent le traitement en gazon d'anciennes parties cultivées et des espaces boisés que l'absence d'entretien peut exposer à la violence des incendies propre au sud méditerranéen de la France. Le plaisir du jardin est alors compénétré et dégradé par le souci de son entretien difficile.

Dès lors, le jardin ne suscite pas que des passions : si beaucoup apprécient l'espace autour de la maison, certains voient aussi les contraintes de ces grands terrains, parfois à leurs dépens. Et de fait, suite à un aléa de santé, on se retrouve obligé d'employer quelqu'un pour le débroussaillage, et c'est aussi pour l'avenir qu'on va s'inquiéter :

En fait 4 000 m2, ça nous faisait beaucoup mais on n'avait pas le choix... honnêtement, c'est un peu trop grand... (M. Martin, Fuveau)

Le jardin [4 000 m2] qui nous prend du temps... c'est pour ça que je suis sûr qu'on ne restera pas là-dedans éternellement, c'est globalement quelque chose de lourd... (M. Boucher, Cabriès)

Pour l'instant, j'y arrive encore, mais un jour ce sera dur à maintenir, c'est fort possible que je prenne quelqu'un, un jour, j'ai horreur de laisser les choses à l'abandon... (M. Gaudin, Cabriès)

En terme de représentation, ces grandes parcelles sont appréhendées par leurs propriétaires comme l'accomplissement intégral de leur volonté d'installation en "campagne urbaine" : leur éloignement de la ville trouve sa consécration dans l'invisibilité et l'inaudibilité des voisinages, les parties boisées de son propre terrain ayant la double fonction de faire et d'effacer la clôture. Cet effacement, qui n'empêche en rien la clôture effective (grillage…), en fusionnant le terrain dans la continuité du paysage, renforce alors le sentiment de posséder tout l'environnement visible, de ne l'avoir rien qu'à soi, comme l'immense domaine *Terbntine* du personnage principal de "Un homme, un vrai" de Tom Wolfe[21].

Le jardin, puissant lien d'attachement à la maison, peut être aussi, associé aux autres occupations occasionnées par la maison, un moyen de pallier la solitude d'un deuil ; mais il peut aussi se transformer en contrainte d'immobilisation, d'enchaînement forcé, car une absence passagère du domicile peut compromettre le bon entretien du jardin :

> *Ça m'apporte un apaisement, ça me fait une compensation, je ne pense pas à autre chose pendant ce temps là !* (Mme Lafol, Cabriès)
>
> *Pour nous, c'est difficile de laisser la maison, à cause de ce que mon mari cultive... la fille arrose, mais elle n'est pas toujours là...*(Mme Gaudin, Cabriès)

Decorum, mais également espace de réception, ce jardin participe aussi, particulièrement à la belle saison (et, en Provence, même pendant les beaux jours de février), à l'élargissement de la convivialité domestique. On peut considérer, à cet égard, que la détention d'un jardin n'est pas indifférente à l'augmentation du temps consacré par les Français, selon l'INSEE, à la réception des parents et des amis[22]. Le jardin permet en effet, avec une ampleur que n'autorise pas à ce point l'intérieur de la maison, dont il constitue en quelque sorte l'extension avec cet élément de transition qu'est la terrasse, de recevoir des amis, de la famille, des voisins, autour d'un barbecue et d'une piscine. Ce jardin ne prend sens, il est vrai, qu'aux beaux jours, mais le climat de la région se prête à de longs mois de "festivités".

> *Là, on commence à voir plus de monde, soit à inviter, soit à être invité... c'est quand même quand les beaux jours arrivent... c'est vrai qu'on est plus ou moins imposé par la petitesse de nos maisons, on ne peut pas être 20 à manger... et donc, après, l'été c'est dehors, c'est..., c'est... on mange une pizza, on se voit beaucoup plus quoi ! C'est vrai que là, pendant 4 mois de l'année, c'est les volets fermés à 6 heures, chacun chez soi, c'est la période où on se voit pas trop !* (M. Cid, Fuveau)

---

21. Wolfe, T. (1999), *Un homme, un vrai*. Paris : Laffont.

22. Selon l'INSEE et d'après les données du dernier recensement (1999), "les 'repas de sociabilité' entre parents, amis, voisins augmentent en moyenne de presque un quart d'heure [entre 1986 et 1999]" (Dumontier, F., Pan Ké Shon , J.-L., art. cit.).

D'ailleurs, pour certains, la maison devient une maison familiale. Un propriétaire de villa a ainsi conçu de grandes tables pour pouvoir inviter ses enfants et petits enfants lors de réunions familiales ponctuelles, mais situées de manière précise sur le calendrier. Et ce caractère de rassemblement familial de la villa, finalement fréquent, se trouve encore renforcé par l'ambiance de "déjeuner champêtre" que lui ajoute le jardin :

> *Pour moi, la maison familiale est là, le point de rendez-vous est ici !* (Mme Martin, Fuveau)
>
> *On essaye de faire les fêtes des mères ici !* (Mme Blé, Fuveau,)
>
> Lui : *Il me reste pas mal d'attaches, des cousins, des oncles, des tantes... Avant on y allait assez souvent... maintenant, c'est plutôt espacé, c'est souvent pour les enterrements ou les trucs comme ça...*
> Elle : *Pas de mon côté, ils viennent plus souvent, parce qu'il y a le jardin !*
> Lui : *Exactement, c'est la maison familiale : mon frère vient également, il était encore là hier !*
> Elle : *Quand ils vont en cure à Gréoux, ils en profitent pour venir nous voir, c'est plutôt eux qui se déplacent que nous qui y allons, parce que mon mari, enfermé dans une maison... ici, dehors, on a le barbecue, tout ça... alors ils viennent...* (Gaudin, Cabriès)

Nous pouvons, au terme de ce chapitre et de cette partie, résumer un certain nombre de réflexions et d'analyses relatives au contenu actuel de la maison du périurbain.

Lorsque l'on élargit notre vision, il semble nécessaire de sortir d'un schème de pensée qui s'est construit au cours de l'histoire et qui, distinguant avec de plus en plus de radicalité le public et le privé, a donné à la maison le caractère d'une sphère étanche à ce qui se développait hors des pratiques et des représentations domestiques. Ce processus a indéniablement participé de la construction de la famille nucléaire, comme entité sociale essentielle du XIXe siècle, moins dépendante de l'appartenance à un groupe social plus large, la tribu ou la "maison aristocratique"[23].

La personne y a aussi trouvé son compte dans le soin et le sens d'elle-même, au plan du corps et des convictions personnelles, morales ou politiques : elle est ainsi protégée et assurée par l'intimité du "chez soi", plus que ne le permet un espace public cependant "policé", espace d'une urbanité impliquant une attitude publique réfrénant les "passions" pour les inscrire dans des distances et des gestuelles appropriées.

---

23. Élias, N. (1985), *La société de cour*. Paris : Flammarion.

Deuxième Partie

DES TERRITOIRES PÉRIDOMESTIQUES À L'HYPERTERRITOIRE MÉTROPOLITAIN

Chapitre I

Les nouvelles territorialités de l'habiter périurbain

En tant qu'habitation, tant au niveau de sa morphologie que de son contenu symbolique et affectif, cette maison, et telle est notre hypothèse de départ, est une forme particulière de réalisation et d'investissement ayant comme condition d'existence la nécessité du déplacement sur un mode pérégrinatoire. Par ce type de relation à l'extérieur, fortement réticulaire, elle est le point de départ des mobilités de ses occupants, qui, partant de ce centre arrêté, rejoignent des lieux de destinations nécessaires au bon fonctionnement de la vie domestique et au bon développement des rapports sociaux.

Par ces destinations et ces trajets, l'environnement extérieur interpelle les occupants de la maison, et de cette relation naissent des territoires, variables selon les membres de la famille. Les contours et qualités de ce rapport à l'espace métropolitain permettront de considérer la "villa" non plus comme une simple habitation, mais comme une forme d'habitat particulier, dont nous apprécierons la pertinence en matière d'urbanisme. Par "habitat" nous entendons "l'ensemble et l'arrangement des habitations dans un espace donné[1]" ; cette acception fait certes primer l'habitation, mais elle prend en compte également un environnement au sens large, des contraintes particulières aux qualités physiques ou naturelles, aux déterminants d'ordre sociaux et culturels.

C'est dire la richesse du concept d'"habitat", qui allie ainsi au choix d'un logement, certes socialement déterminé, une manière de vivre la relation avec l'extérieur par "l'appropriation de l'espace et la formation des territoires". La complexité accrue de la notion de territoire, en regard d'une individuation croissante, source de profondes transformations socio-spatiales, mais aussi de nouvelles logiques de réseaux, nous amène à interroger ce concept, tant dans son contenu que dans sa forme.

---

1. Brunet, R., Ferras, R., Théry, H. (ed.), (1993), *Les mots de la géographie*. Montpellier : Reclus / La Documentation française.

Le contenu des territoires

Le territoire, dans sa définition originelle – *terra* – signifie "morceau de terre approprié". L'usage de ce mot se généralise avec la formation d'états puissants : le territoire devient la portion de terre habitée sur laquelle s'exerce une autorité, une juridiction. Le territoire appartient en ce sens au domaine juridique et politique, il sous-entend l'idée d'une aire, limitée et dominée. En seconde définition, il est l'étendue d'espace sur laquelle un groupe déploie des activités nécessaires à son existence. Et c'est plutôt dans cette acception qu'il nous intéresse, quoique, nous le verrons, le gouvernement des hommes ne se conçoive jusqu'à présent qu'inscrit dans des limites. Mais qu'on considère le territoire comme espace de vie ou comme superficie bornée reste encore une conception trop étroite et nous nous rappellerons utilement ce que dit Marcel Roncayolo à ce sujet : "Il est toujours dangereux [...] de considérer le territoire comme simple support, simple mesure, alors que le définir en termes de construction sociale rappelle une dimension fondamentale des sciences sociales"[2].

Au début du XXe siècle, Marcel Mauss, considérant des sociétés eskimos à partir du concept de "morphologie sociale", insiste sur "le substrat matériel des sociétés, c'est-à-dire la forme qu'elles affectent en s'établissant sur le sol, le volume, la densité de population, la manière dont elle est distribuée ainsi que l'ensemble des choses qui servent de siège à la vie collective"[3]. Il formule les notions d'établissement et d'habitat, qui ne sont pas sans coïncider avec le concept de territoire défini par l'anthropologie : comme "processus d'organisation d'une société", il doit s'analyser à deux niveaux, "celui de l'action de l'homme sur les supports matériels de leur existence et celui des systèmes de représentation. Le territoire est à la fois objectivement organisé et culturellement inventé"[4].

Diverses disciplines en sciences sociales démontrent l'existence de la territorialité chez l'animal et chez l'homme mais toutes, y compris l'éthologie, partent d'un présupposé à savoir "qu'il n'existe pas de comportements sociaux sans territoire"[5]. Dans les années 1920, les éthologues donnent au territoire une définition et développent le concept de "territorialité", qui inclut la prise en compte de "systèmes comporte-

---

2. Roncayolo M. (1993), *La ville et ses territoires*, Paris : Gallimard.
3. Mauss, M. (1905), "Essais sur les variations saisonnières des sociétés eskimos ; Étude de morphologie sociale", in Mauss, M. (1950), *Sociologie et anthropologie*. Paris : PUF.
4. Bonte, P., Izard, M. (sous la dir.), (1992), *Dictionnaire de l'ethnologie et de l'anthropologie*. Paris : PUF.
5. Le Berre M.-Y. (1992), "Territoires", in *Encyclopédie de géographie*. Paris : Economica.

mentaux". Ils définissent la territorialité à travers "la conduite caractéristique adoptée par un organisme pour prendre possession d'un territoire et le défendre contre les membres de sa propre espèce". Les idées d'espace approprié, de domination et de frontière sont à chaque fois présentes dans ces définitions.

Ces observations révèlent aussi que ces comportements sont mus par des "fonctions personnelles et sociales". La comparaison avec l'homme se réalisera dès lors en établissant une corrélation entre les distances chez l'animal et les distances chez l'homme. Si l'animal réagit différemment suivant la distance d'approche de l'ennemi, des comparaisons semblables sont identifiables chez l'homme. Ainsi le rapport de distance, la "proxémie", illustre la matérialité d'une frontière invisible. Cette notion de "proxémie" est intéressante, car elle marque la limite d'une frontière, individuelle, mais aussi sociale. E. T. Hall montre que les rapports de "proxémie" sont différents selon les cultures[6]. La psycho-géographie, s'intéressant à la perception individuelle, reprendra ces notions de "proxémie", pour s'intéresser "aux coquilles" de l'homme.

Pour sa part, la psychologie définit l'appropriation comme un apprentissage, comme la faculté de faire siennes un ensemble d'expériences. Les lieux, objets de représentation et de valeurs, font que les individus s'attacheront à ces repères. Le contenu physique, mais aussi social de l'espace, sera donc l'axe privilégié pour analyser des pratiques territoriales qui font sens avec la constitution de territoires, en établissant les liens entre les lieux et les besoins nécessaires à l'homme pour vivre pleinement son territoire. Les géographes distinguent à partir de là des formes juxtaposées, satellisées, réticulées suivant l'échelle territoriale analysée[7].

Territoires et réseaux

De nos jours, la mobilité généralisée, par les techniques de transport et les télécommunications, a engendré une modification des processus de production des relations sociales. Les relations de connexité prennent le pas

---

6. Hall, E. T. (1971), *La dimension cachée*. Paris : Le Seuil.

7. Leur approche spatiale les fait aussi distinguer plusieurs formes d'espaces qui ne sont pas toujours associées au territoire, car elles font appel à l'individu et non au groupe. L'espace de vie serait "une portion d'espace où l'individu effectue ses activités. Cette notion englobe non seulement les lieux de passage, mais également les autres lieux avec lesquels l'individu est en rapport". Plusieurs espaces de vie, donc, pour un individu, qui sont à distinguer des espaces cognitifs (connaissance de lieux tangibles), des espaces perçus (le vécu et les représentations), et des espaces vécus liés aussi à la perception individuelle. La notion d'espace rattache donc l'individu à des lieux même si celui-ci se situe dans un système de représentation collective. L'espace n'est donc pas le territoire.

sur les relations de contiguïté, ces dernières étant dévolues à des catégories spatiales précises : le village, le quartier... D'autre part les relations de contiguïté, d'accessibilité, n'étant plus exclusives, les relations sociales ont la possibilité de se réaliser de manière choisie, réglant ainsi différemment distance spatiale et lien social. Les relations entre réseau et territoire s'avèrent alors délicates, les caractéristiques de l'un s'opposant à celles de l'autre. Des rapports de contiguïté spécifiques des sociétés rurales aux rapports de connexité des sociétés urbaines modernes, les enjeux de l'urbanisme d'aujourd'hui pourraient bien être dans le passage d'une conception aréolaire de l'espace à une conception réticulaire[8]. La virtualité des réseaux atteint les territoires qui ne reposent plus uniquement sur une matérialité physique.

Les lieux atteints, s'ils relèvent d'une logique de réseaux, ne sont pas pour autant dépourvus de valeurs et de symbolisme. Les réseaux ne sont alors qu'un moyen de modifier l'espace-temps dont les valeurs sont des composantes de la construction territoriale, dans le sens où elles sont significatives de l'organisation de la société. Ils ont toutefois un impact sur la manière de percevoir un territoire. Jean-Marc Offner et Denise Pumain évoquent l'émergence de nouvelles territorialités dues aux nouvelles technologies dans les transports et les télécommunications : elles gomment les espaces insterstitiels dans "un effet de tunnel". Ce concept théorique, appliqué à une matérialité physique, n'est pas sans interroger notre perception nouvelle des territoires et notre manière de penser et de traiter la qualité environnementale des espaces traversés. Marcel Roncayolo nous rappelle encore à ce propos que "la notion même de perception de l'espace réduit la connaissance des arrangements, des usages et sensations, que le paysage et le dispositif urbains suscitent ou cristallisent et qui ne sont pas tous de l'ordre du visible [...]. Plus que perçu, le territoire est appris par l'individu et construit par des pratiques et des croyances qui sont de nature sociale"[9].

Ainsi, le mouvement (la mobilité) n'est pas antinomique de territorialité. M. Roncayolo démontre que les sociétés rurales d'autrefois, représentées comme "enracinées", pouvaient être, elles aussi, fortement animées. La sédentarisation, l'enracinement, sont des comportements d'appropriation de l'espace qui n'excluent pas le mouvement mais qui se caractérisent par la fixité du point de résidence : "l'enracinement reste le mode dominant par lequel on connaît une portion du monde ou du territoire ; il y a défini un

8. Dupuy, G. (1991), *L'urbanisme des réseaux*. Paris : Armand Colin.
9. Roncayolo, M., *op. cit.*

point fixe, un point d'observation, un point de résidence et de référence, il juge et connaît le reste du monde à partir de ce point dans une construction mentale basée sur ce relais de son imagination"[10]. En opposition le nomadisme ou l'errance sont des comportements pour lesquels la fixité du lieu de résidence est constamment renouvelée.

Territoire, identité, contours

Ce que la territorialité intègre au territoire, c'est l'identité, une dimension éminemment sociale. Si les modèles de sédentarisation permettent de croire que l'attachement aux lieux, la toponymie, sont les marqueurs du territoire, l'étude des diasporas a montré que l'identité est avant tout une question d'organisation sociale. "L'identité vient de la culture bien plus que de la stricte localisation physique [...], plus que perçu le territoire est appris par l'individu et construit par des pratiques et des croyances qui sont de nature sociale...", dit encore M. Roncayolo. La question de l'identité se rattache donc aux fondements de l'unité sociale, et non pas uniquement aux groupes sociaux ("l'unité sociale n'est pas la tribu") ou aux individualités. "Le territoire, selon J.-M. Offner et D. Pumain, est [...] espace [...] en même temps qu'identité collective"[11]. Il est à la fois appropriation, mémoire et régulation, poursuivent les mêmes auteurs, qui précisent : "Le territoire est appropriation : à travers lui, une population définit ce qui, dans l'espace, relève d'un usage légitime, pratique et symbolique. Le territoire est mémoire : il est le marquage temporel de la conscience d'être ensemble [...] Le territoire est régulation : il n'y a pas d'identités sans règles, implicites ou explicites, imposées ou consenties, modulant les échanges entre soi et avec les autres. À partir d'un même espace peuvent se construire des territoires multiples, disjoints ou superposés, conflictuels ou non, les uns par rapport aux autres".

Le territoire peut avoir une étendue variable, des limites indéterminées ou élastiques, en fonction de "contraintes" écologiques diverses (c'est le cas des sociétés eskimos dont Marcel Mauss, en 1905, tente de définir le territoire ou l'habitat). Les populations nomades, qui, dans de vastes régions faiblement peuplées, n'entrent en contact que de manière épisodiques avec d'autres groupes sociaux, disposent de territoires dont les *contours* (le mot est intéressant pour nous, et sans doute à préférer à celui de *limites*) ne sont

10. Moles, A. (1992), "Vers une psycho-géographie", in *Encyclopédie de géographie*. Paris : Economica.

11. Offner, J.-M., Pumain, D. (dir.) (1996), *Réseaux et territoires. Significations croisées*. La Tour d'Aigues : Edition de l'Aube.

pas aléatoires, mais circonstanciels, liés à l'opportunité de ressources (en eau, en zones de chasse, en herbages pour des troupeaux...).

La notion de territoire a été marquée par le critère de ses limites dès que s'est posée la question du rapport entre des groupes caractérisés par leur étrangeté. La langue et l'habitat en sont, selon Mauss[12], les grands marqueurs. Au fond la nation, notion encore très contemporaine, rassemble, avant tout par la langue, une communauté plus ou moins hétérogène dont l'histoire des relations aux voisins, conflictuelles ou consensuelles, a défini et établi les limites d'un espace d'occupation. À l'intérieur d'un même groupe, même s'il est isolé, "insularisé" par la non-connaissance de voisins, l'anthropologie montre qu'une division peut exister qui structure le territoire en deux parties (le haut et le bas, l'est et l'ouest...) en relation avec les deux phratries qui composent ce groupe[13].

Dans la plupart des sociétés complexes ou "chaudes", la division par la structuration spatiale passe par l'appropriation des biens, voire des personnes (les esclaves, les domestiques), et, parmi ces biens, la propriété de l'espace, puis l'instauration d'un pouvoir détenu par le groupe dominant. Ce groupe dispose, au nom d'une communauté intégrant des sous-populations de conditions différentes, qu'il domine et/ou représente, les moyens d'assurer, à l'intérieur de la communauté et aux limites de l'espace qu'elle occupe, la stabilité des relations sociales et celle de l'"intégrité" du territoire sur lequel vit cette communauté-nation. On a donc des systèmes d'emboîtement plus ou moins nets, qui organisent les séparations et les mélanges, à des échelles fort variables et dans des limites plus ou moins étanches.

Figures de géométrie, limites et frontières

Notre vision du monde est fortement marquée par l'idée de limite : cette conception est le résultat d'une histoire de la civilisation occidentale, de la "nation" ou du peuple français qui, depuis des siècles, l'a opposé ou allié à d'autres peuples, a engendré des frontières que l'histoire nous a appris à reconnaître et dont la figure paradigmatique est l'Île de France. L'appellation de ce territoire est parfaitement symbolique, à la fois de la situation d'isolement qu'a souvent connue la nation dans notre histoire et en même temps de l'effet de permanence de cette figure centrale au cœur de

---

12. Mauss, M. (1947), *Manuel d'ethnographie*. Paris-Genève : Payot.
13. Voir ce que dit à ce sujet Lévi-Strauss du village *Borroro* (Lévi-Strauss, C. (1955), *Tristes tropiques*. Paris : Plon).

notre actuel territoire national, puisqu'un schéma d'aménagement la concerne encore aujourd'hui.

Quoiqu'on fasse, nous avons besoin, pour nous situer dans le monde, sur la planète, dans l'espace géographique, mais sans doute encore plus dans l'espace culturel qui caractérise notre identité, de nous référer à une figure qui symbolise la géométrie d'un "territoire" – en l'occurrence national – d'appartenance. Il en est ainsi de l'"hexagone"[14]. Cette figure reste encore associée à toutes sortes de dispositions relatives à l'identité de la nation française, par delà les entreprises d'européanisation et de mondialisation, et parcourt les discours les plus communs comme les plus savants pour qualifier, non seulement spatialement, mais tout aussi bien politiquement, économiquement, socialement et culturellement, les spécificités françaises.

Il est bien possible, sous réserve d'un inventaire qu'on arrêtera provisoirement à la "botte" italienne (et dont on n'est pas sûr qu'elle enchante l'imaginaire latin), que la superposition de l'identité française à une figure géométrique symétrique sur au moins une douzaine d'axes soit à l'origine d'une conception de l'équilibre qui traverse en permanence notre vision de l'organisation de l'espace et s'est encore manifestée avec la célébration récente de la Méridienne. En remontant très loin dans l'histoire, il est utile de noter ce que le politique et la "police" urbaine, comme administration de la ville, doivent à la géométrie[15] et comment cette imbrication du gouvernement des hommes et de la représentation de l'espace peut avoir d'influence persistante dans le déterminisme spatial critiqué en son temps par Henri Lefebvre.

Le territoire comme découpage...

Au demeurant l'acception ethnologique du concept de territoire est, dans la culture "hexagonale", supplantée par l'acception politico-administrative. La marque d'un territoire, selon cette conception est d'abord rapportée à la définition d'une frontière, et une fois cette limite définie, on lui associe une autorité d'administration. Marcel Roncayolo dit d'une manière heureuse[16] : "La frontière naturelle est donc surtout une image, une croyance qui 'naturalise' la division, tente de transformer en ligne idéale ce qui est ligne de partage entre équilibres instables".

Si l'histoire de la nation détermine, au cœur du jeu des forces internes et externes, des frontières dont elle n'a pu disposer entièrement du "tracé", ce

14. Serres, M. (1994), *Atlas*. Paris : Éditions Julliard.
15. Vernant, J.-P., art. cit.
16. Roncayolo, M., *op. cit.* : p. 204 et *sq*.

cadre autorise ensuite le pouvoir à "quadriller", à mailler "librement", pour les besoins de son exercice, cette étendue, plus ou moins stabilisée, par des "découpages administratifs". Leur définition arbitraire a bien du mal à se cacher derrière une "raison" administrative ou des rationalités de nature socialement plus argumentées. Une histoire des communes, des départements et des régions, envisagée du point de vue des fondements de leur découpage n'est pas sans faire apparaître comment les priorités de pouvoir ont pu dicter la détermination des limites de délégation.

On ne rappellera pas ici l'histoire du préfet, de sa monture et des limites du département qui masque mal l'intervention plus décisive de ses gendarmes à cheval. Sous une forme caricaturale, la préoccupation d'autorité est déléguée avant tout à des représentants du pouvoir central, qui n'ont pas tant à épouser le contenu d'un territoire qu'à partager cette autorité avec d'autres pairs, en évitant toutes les anciennes rivalités qui pouvaient déplacer du jour au lendemain les limites des fiefs.

En réalité la nature du problème n'a pas changé : la vie des entités sociales produit des contenus de territoires en interdépendance, qu'un pouvoir central doit administrer selon des "échelles" dont la pertinence est sans cesse remise en cause par l'étendue variable des espaces où se construisent les entités sociales sus-désignées, elles-mêmes saisies dans leur dimension par le changement social. Qu'on appelle ces entités sociales terroirs, territoires, pays ou bassins ne change pas grand chose à l'affaire : un contenu complexe de pratiques et de représentations se forme dans des contours incertains que le pouvoir, dans une perspective administrative, découpe en s'efforçant de fonder en raison la définition des limites.

Cette longue expérience de ratiocination quadrilleuse a fait naître dans la représentation administrative des territoires une posture qui met au second plan le contenu au profit du contour. La commune, géographie dure (entité géographique), en se substituant à la paroisse, géographie molle, polarise l'attention sur les limites plus que sur les contenus et participe d'une acculturation politique qui fait l'économie de l'examen des contenus pour se rassurer dans la garantie des "périmètres" et autres frontières.

Des territoires aux entre-lieux

Les territoires n'ont en fait que la réalité des entités sociales dont ils concrétisent l'espace d'évolution. Dans la mesure où, aujourd'hui, les communautés s'effacent au profit des individualités, la cohérence des territoires, initialement inscrite dans des dispositifs de protection tout autant ritualisés (le tracé de la ville par *Romulus*) que concrétisés (l'enceinte fortifiée de la ville du haut Moyen-Âge), s'efface dans la perméabilité des espaces géographiques.

Les proximités ou les dépendances qui pouvaient autrefois solidariser les membres des communautés s'estompent devant les différences et les distinctions que produisent les individus en dépit des stratégies de production de masse par lesquelles les lobbies économiques tentent de fabriquer de l'identification aliénante (*Nike*...). Ce qui fondait le "ton" d'un quartier, par l'appartenance à un groupe prépondérant numériquement ou dominant culturellement, au niveau d'un quartier par exemple[17], se redistribue dans des configurations qui donnent à l'espace une autre place, moins structurante, par un processus de diffusion qui emprunte notamment les canaux de la télé-transmission et de la virtualité.

Les formes diverses de maîtrise du rapport espace-temps y contribuent puissamment : moins de temps, plus d'espace / moins d'espace, plus de temps. Cette dialectique peut trouver plusieurs illustrations dans les paradoxes de l'hypermodernité : en m'ouvrant au monde par internet, je passe moins de temps en voyage, tout en parcourant plus de sites : de Chiba à San Francisco ; en consultant internet, j'ai une information qui ne prend pas des rayons de bibliothèque, ne m'oblige pas à m'y rendre, donc me fait gagner du temps et me donne la possibilité de sonder l'histoire, de me rendre, d'une certaine manière, maître du temps (de mon temps).

Ces quelques exemples ne sont pas sans poser le problème d'une discrimination sociale par la détention et la maîtrise de cet outil, ni celui d'un d'asservissement à la machine : on peut ainsi manquer, en troquant la virtualité contre la réalité, l'occasion unique et irremplaçable de l'expérience...

Territoires vécus, territoires virtuels

Le territoire est resté, des siècles durant, l'espace vécu : celui de l'expérience directe au sein du groupe et avec le groupe. Sur la base de cette expérience partagée naissaient des représentations. Les mythes, les religions ont édifié des mondes imaginaires, des "au-delà" des territoires vécus, puis la chronique et l'histoire ont construit les récits d'expériences humaines vérifiées, donnant à connaître au sujet l'existence de territoires situés en dehors de sa propre expérience vécue.

Le mythe et l'histoire se séparent. Dans l'univers domestique d'autrefois, le foyer et la veillée constituaient les espaces-temps d'une représentation du monde qui véhiculait l'expérience du groupe et son imaginaire, un espace / temps étroitement limité par l'horizon borné de ce groupe et les capacités évocatrices limitées de la parole à rendre compte de ce qui était

17. Chamboredon, J.-C., Lemaire M., art. cit.

au-delà de l'expérience de chacun des membres de cette communauté. Ce constat valait pour les milieux populaires, tant ruraux qu'urbains, et seules les élites (et les soldats), par le voyage (et la guerre) échappaient à cette condition.

Aujourd'hui, la performance, la pénétration sociétale profonde des moyens audiovisuels et l'ampleur de la "couverture" des événements, tout en restant des représentations, et par conséquent les images virtuelles d'un monde réel, donnent accès à une somme d'aspects qui, en rendant moins imprécis les mondes étrangers au sujet, les rend plus appréhensibles, sinon plus "connaissables", voire plus appropriables. L'étranger en devenant plus familier fait tomber les obstacles qui l'inscrivaient dans des frontières internes et externes plus étanches (la langue, le visa...).

Cette évolution questionne la notion de territoire ; des initiatives telles que celle qui institue l'universalité de certains sites comme éléments du patrimoine mondial, en particulier, conforte ce processus. Les territoires sont, en ce sens, des espaces de moins en moins fermés à la connaissance et à la visite. Ceci n'est d'ailleurs pas sans modifier le sens de la découverte et tend à banaliser l'aventure, qui se réfugie alors vers d'autres types d'expériences, comme les sports dits "de l'extrême"[18].

Cependant si les territoires sont plus accessibles à la connaissance et à la visite, ils ne le sont pas nécessairement à l'établissement. Ce qui montre le caractère encore profondément actuel de la notion. Elle vaut pour les pays riches qui ferment leurs frontières à l'immigration, mais elle vaut pour les villages du périurbain où les nouveaux habitants se sentent mal admis par les "natifs" qui "con-naissent" vraiment le territoire où ils vivent. Si le phénomène n'a pas véritablement un caractère de nouveauté, il traduit par contre un processus contradictoire plus vif que jamais ; celui d'une ouverture plus grande des territoires à la connaissance s'opposant avec une résistance toujours aussi forte à leur pénétration pour un établissement à caractère définitif. Cette ultime considération générale sur les territoires nous conduit vers ceux de nos maisons en périurbain.

Les territoires éclatés de la maison

L'habitation est quelquefois isolée : la ferme, il n'y a pas si longtemps encore, a pu vivre dans une relative autarcie. Mais la demeure est plus généralement inscrite dans une entité socio-spatiale plus vaste : le hameau, le village, à la campagne, le quartier, en ville. Ce genre d'habitation

18. Le Breton, D. (2000), *Anthropologie du corps et modernité*. Paris : PUF.

constitue un point fixe, marqué par un "enracinement" plus ou moins profond, inscrit dans un territoire assez clairement circonscrit.

Les déplacements des familles rencontrées montrent que d'autres types de territoires se forment autour des maisons du périurbain et qu'ils présentent certaines frontières, même si la ligne séparatrice n'en est pas clairement définie : elles sont d'ailleurs davantage temporelles que spatiales[19], mais aussi, et peut-être avant tout sociales, interrogeant les rôles sociaux et les questions d'identités, de représentations.

Ainsi, comme l'écrivent Jean Rémy et Liliane Voyé, "l'urbanisation – entendue en tant que processus intégrant la mobilité spatiale à la vie quotidienne – conduit à une redéfinition de l'incidence des modes de territorialités sur les formes sociales d'échanges et de structuration des rapports de force. [...] La mobilité devient condition d'adaptation et de participation à la vie urbaine"[20]. Il devient alors d'autant plus difficile de lier urbanisation et territorialité, de construire les concepts qui traduisent ce lien inédit et, pour les acteurs de l'aménagement, de promouvoir l'adoption de normes urbanistiques appropriées à la nouvelle situation.

Le Corbusier, en continuité avec des préoccupations anciennes et en s'inspirant de Fourrier, avait émis l'idée de l' "unité d'habitation de grandeur conforme" regroupant dans la "commune verticale" ou le "village vertical", un ensemble de trois cents logements concrétisés par la "Cité radieuse"[21]. Dans les années 60, les urbanistes modernes, sous l'influence des Anglais, ont conçu des échelles d'intégration qui leur paraissaient encore plus pertinentes pour structurer les ensembles de logements : l'unité de résidence, l'unité de voisinage, le quartier[22]...

D'une certaine manière les Modernes ont cherché à définir la norme d'un territoire adéquat pour penser une vie sociale située entre la vie familiale, inscrite dans l'habitation, et la vie économique et politique, développée dans

---

19. Ces limites de territoires du quotidien répondent à la loi de ZAHAVI, qui lie la vitesse du déplacement à l'espace pratiqué : plus les possibilités d'aller vite sont données, plus l'espace s'étend mais trouve cependant une limite dans le budget temps des individus. Il faut aussi souligner que ce constat de ZAHAVI gomme les caractéristiques sociales des personnes mais il a pour mérite d'interroger l'urbanisme en termes de mouvement et non plus uniquement en terme de lieux.

20. Rémy, J., Voyé, L. (1995), *La Ville : vers une nouvelle définition ?* Paris : L'Harmattan, Collection Villes et Entreprises.

21. Le Corbusier (1957), *Les trois établissements humains.* Paris : Minuit.

22. Cette hiérarchie, un peu artificielle, n'était pas sans devoir aux anglais du groupe Team Ten, et à l'enrichissement qu'ils souhaitaient apporter au concept Corbuséen d'"Unité d'habitation de grandeur conforme" (le "village vertical", etc.). Elle avait trouvé un certain type de traduction dans la fameuse "Grille Dupont".

la ville. Cette tentative de structuration normative, plus intéressante dans sa dimension d'étude que ses applications, n'a pas résisté à l'évolution de la société et on ne peut que s'interroger sur l'opportunité d'une transposition, en termes de normes ou de règles, de la logique de fonctionnement que l'on peut déceler dans le développement de l'habitat périurbain, si pertinente puisse-t-elle être. Nous sommes de toute façon dans des temps où les règles se négocient plus qu'elles ne se prescrivent.

Territoire et effet de groupe

Comment peut donc, alors et plus concrètement, fonctionner la maison du périurbain ? La famille qui l'habite s'inscrit-elle dans la logique d'un territoire déjà existant, reconstruit-elle ce territoire en lui donnant une autre cohérence, ou bien ne fait-elle que construire son propre territoire, ou même, et c'est l'hypothèse que nous avons choisie, la "villa" ne constitue-t-elle que le pôle de référence d'une somme de territoires construits par chacun des membres de la famille qu'elle abrite ? Ceux-ci, grappillant dans les opportunités qu'offre l'aire métropolitaine et s'appuyant sur les possibilités que donne l'automobilité, compensent l'isolement de la maison et l'équipement insuffisant des anciens villages (décalés par rapport à leur acculturation urbaine), en favorisant un urbanisme fondé sur l'*hypodensité résidentielle* et l'*hyperdensité réticulaire*.

Si l'on se réfère à J.-M. Offner et D. Pumain[23], "le territoire construit est, selon ces auteurs, réapproprié, pratiqué, vécu par des populations qui n'ont pas forcément participé à son élaboration : ainsi est désignée la territorialité. Celle-ci reflète les dimensions multiples du vécu territorial par les membres de la collectivité : les acteurs vivent à la fois le procès territorial et le produit territorial à travers un système de relations productivistes (liées aux ressources) ou existentielles (relevant de la construction identitaire, donc de la mémoire collective et de la représentation)".

Ceux que nous avons appelés les "locaux" ont une expérience de la localité où ils viennent s'établir : elle provient de leur enfance, de cette expérience vécue par leur parents, qui, pour la plupart, introduisait une première rupture dans la nature de la territorialité rurale dans laquelle ils pénétraient en édifiant un "cabanon", comme à Cabriès. À la différence (mais relative, car beaucoup d'entre eux avaient une ascendance italienne ou polonaise), les "héritiers" des mineurs prolongent à Fuveau une expérience dont les marques impriment les mentalités, mais aussi le paysage avec leurs terrils et puits de mines désaffectés.

---

23. Offner, J.-M., Pumain, D. (dir.), *op. cit.*

Dans les deux cas, et sans doute plus dans le second que dans le premier, le territoire est produit ou reconstruit par un groupe, qui a forgé son identité dans un travail d'appropriation collectif où la solidarité du groupe jouait tout son rôle.

Du territoire de groupe au territoire personnel

Le "colon" périurbain ne présente plus ce profil. Son projet est d'abord centré sur une maison dont le terrain a par ailleurs été choisi sur la base de critères de moindres coût et distance au lieu de travail, c'est-à-dire, le plus souvent, à la ville. Ces exigences ne sacrifient pas la qualité paysagère de l'installation. La démarche du "colon" est donc une adhésion plus ou moins distanciée à un territoire déjà construit, une annexion mentale qui donne tout son sens à son projet pavillonnaire, dans un cadre qui n'est pas dissociable de ce projet et l'inscrit dans une "campagne urbaine".

L'histoire a construit un territoire villageois, et ce dernier a produit une identité dont les traces, portées par les hommes et leurs productions, tendent à s'effacer à des rythmes différents. Le "colon" superpose au territoire de ce village, dont il n'appréhende parfois qu'une partie infime, une autre représentation. Il la fabrique sur un modèle qu'il partage avec d'autres accédants, à travers un mode de vie qui les rapproche, mais dont ils construisent rarement le contenu dans un travail collectif, à travers une expérience partagée, qui pourrait les rassembler dans des réunions, des fêtes, et diverses autres actes collectifs producteurs d'identité, comme celle qu'ont construite d'autres groupes.

Ceci n'empêche pas le "colon" de faire masse, de constituer une population qui compte par le nombre, et peut être plus par les surfaces investies, à défaut d'apparaître comme groupe solidaire. Les complicités, pour ne pas dire les solidarités, naissant dans certains lotissements, telles que nous avons pu les observer à Cabriès notamment, peuvent laisser penser que les intérêts représentés par les "colons" sous-tendent une identité qui peut se dévoiler plus nettement avec le temps. Face à une urbanisation menaçant le caractère de la "campagne urbaine" qu'ils ont investie, il n'est pas impossible qu'ils se fédèrent en force syndicale de type NIMBY[24] ou, vraisemblablement, quelque chose de plus subtilement élitiste et français.

Les "colons" font donc masse, ou plus exactement ils font "espace", dans la mesure où le petit nombre qu'ils constituent occupe souvent de grandes parcelles, mais dans une addition de projets individuels qui se sont

---

24. NIMBY : *Not in my Back Yard* (cf. Ascher, F., *op. cit.* et mieux : Davis, M. (1997), *City of quartz, Los Angeles, capitale du futur*. Paris : La découverte.)

implantés sans relations les uns avec les autres, au gré des ventes de parcelles, et dont les relatives parentés, en termes de références sociales et d'attentes résidentielles, modèlent puissamment l'occupation des espaces conquis, pour leur donner la cohérence d'un paysage homogène dans ses architectures et le traitement de ses jardins. Sans le contact qui souvent forgeait les groupes et contribuait à la fabrication du groupe, les accédants du périurbain construisent du territoire, au-delà de la parcelle qu'ils ont investie, par un effet d'addition de projets structurellement semblables, qui constituent autant de territoires personnels.

Précisément, parler de territoire personnel a-t-il du sens ? Le recours au concept de territoire est-il pertinent dès lors qu'on désigne par ce terme les espaces d'interaction d'un individu, au mieux d'une famille. La question mérite d'être posée, car ce qui fait territoire renvoie certes à ce qui peut distinguer un ensemble d'un autre : une population d'une autre, un espace d'un autre, mais aussi à ce qui produit cette différence par un lien social construit, rapprochant au moins deux individus, fabriquant une identité qui les rend proches en même temps qu'elle les distingue d'autres, les oppose à ces derniers de manière agressive ou non. L'éthologie animale et les travaux qui y puisent certaines de leurs références, comme ceux de Edward T. Hall, semblent admettre que la notion vaille pour l'individu lui-même.

E. T. Hall dit ainsi, pour sa part : "La territorialité est un concept de base dans l'étude du comportement animal : on la définit généralement comme la conduite caractéristique adoptée par un organisme pour prendre possession d'un territoire et le défendre contre les membres de sa propre espèce" et, déplaçant le concept vers les comportements humains, il précise : "Le territoire est au plein sens du terme un prolongement de l'organisme, marqué de signes visuels, vocaux et olfactifs. L'homme lui aussi s'est créé des prolongements territoriaux matériels, ainsi qu'un ensemble de signes territoriaux visibles et invisibles"[25]. On peut lire aussi G. Simmel de cette manière lorsqu'il affirme : "... un homme ne se limite pas aux frontières de son corps ou du territoire qu'il remplit immédiatement de son activité, mais seulement à la somme des actions qui s'étendent à partir de lui dans le temps et l'espace"[26].

C'est sur tous ces fondements, à travers une territorialité multipliée, de groupes, de familles et d'individus que, par hypothèse, nous avons souhaité aborder l'habitant du périurbain, par commune et famille interposées. Nous

---

25. Hall, E.T., *op. cit.*
26. Simmel, G. (1908), "Digressions sur l'étranger" in Grafmeyer, Y., Joseph, I. (1979), *L'École de Chicago, Naissance de l'écologie urbaine*. Paris : Éditions du Champ urbain.

avons pu considérer, à partir de là, que les familles du périurbain, mais aussi leurs membres pris individuellement, participent à la production d'un territoire dont ils sont l'un des moteurs très actifs : les centaines et les milliers de "villas" qu'ils promeuvent, en lotissement, comme en habitat isolé, engendrent la "campagne urbaine" dont nous ne cessons de parler, partie prenante de cet étalement urbain caractéristique de la métropolisation et que viennent compléter par ailleurs le renforcement des infrastructures, viaires notamment, et les centralités périphériques, en particulier commerciales. Ces habitants participent ainsi de l'émergence d'un territoire d'échelle métropolitaine dont ils produisent pour partie le fonctionnement, la culture et certains traits paysagers.

Ce territoire s'est fait avec eux, et son fonctionnement s'appuie justement, de ce point de vue, sur des interdépendances irréductibles qui les impliquent fortement (en particulier celle qui lie un domicile périurbain avec un travail urbain). Mais elles se font aussi malgré eux : les logiques précédentes les dépassent : elles sont des contraintes auxquelles ils apportent une réponse personnelle ou dont ils exploitent avec le maximum d'opportunisme les possibilités, dans le cadre d'un projet qui construit leur territoire personnel en le mettant à l'abri des aspects les plus négatifs de la métropolisation à laquelle ils concourent.

C'est justement à la rencontre de ce projet territorial de la famille que nous sommes allés dans cette recherche, en produisant sur la base d'un entretien qui tenait le plus grand compte des rythmes, des localisations et des valeurs affectés aux déplacements et aux lieux, une représentation spatiale des territoires familiaux décomposés en territoires personnels[27]. Ce travail permet d'identifier ces territoires familiaux et personnels, où domine une part sans cesse accrue de liberté, de volonté et de conscience, mais de voir aussi, d'une famille à l'autre, leurs différences, témoins de l'individuation croissante des personnes composant le ménage. La multiplication de ces territoires se traduit en un puissant effet de masse dont nous avons parlé plus haut, participant d'une manière involontaire ("inintentionnelle", dirait Maurice Godelier[28]) du point de vue des périurbains, à la fabrication d'un territoire métropolitain très étalé.

C'est donc aussi un nouveau territoire, plus ou moins collectif, que construit l'habitant du périurbain, dont il n'a encore qu'une appréhension peu consciente, comme "métropolitain". Le tableau ci-après, établi à partir d'une représentation cartographiée des lieux et des parcours de chaque

27. Voir la partie méthodologique de l'introduction.
28. Godelier, M. (1984), *L'idéel et le matériel*. Paris : Fayard.

famille, présente les grandes tendances des configurations et des échelles territoriales relatives aux différentes familles. Les cartes elles-mêmes, dessinées famille après famille, précisent, pour leur part, aussi par catégories de personnes (selon le sexe et le degré de parenté), les destinations atteintes sur un mode de mobilité contrainte ou non.

Résumons les grandes lignes des territoires familiaux et individuels qui en découlent, avant d'en préciser le détail dans les chapitres suivants : on peut faire assez rapidement le constat que ces territoires outrepassent la commune d'installation ; cette dernière n'est plus que l'un des éléments qui les composent.

La maison, tout d'abord, comme objectif atteint par l'accédant du périurbain, est un pôle identificateur positif important : elle est le cœur d'un système de lieux généralement très éclatés, dont l'autre pôle déterminant (et dont tout le reste dépend), est le lieu de travail de l'un des conjoints, en général l'homme[29].

La commune, ensuite, occupe une place importante dans les pratiques éducatives, quotidiennes et de loisirs des enfants comme des parents. Cette place est cependant concurrencée par des attractions qui viennent du pôle urbain, tout particulièrement, pour les enfants du périurbain considérés dans notre recherche, de la ville d'Aix.

Cette bi-polarité Aix / commune de résidence, pour les motifs autres que le travail, est plus active pour les familles de Fuveau et de Puyloubier. À la différence, les familles de Cabriès, du fait de l'équipement important de la commune, au niveau sportif et culturel, trouvent davantage satisfaction sur place.

Sur un autre plan, une relative proximité au lieu de résidence est privilégiée pour les achats alimentaires en moyennes surfaces, et les activités individuelles. Les femmes, pour ce qui les concerne, ont des pratiques territoriales très complexes et très étendues, du fait que les tâches domestiques restent encore peu partagées.

Enfin, des pratiques territoriales à l'échelle métropolitaine, réalisées dans des temps choisis, s'expriment de manière constante pour les achats tournés vers la maison ou la personne et ce, quelle que soit l'origine sociale. De même, si la maison reste pour tous un lieu de repli pour les loisirs du week-end, les visites à la famille sont très présentes pour les "locaux" alors que les "colons" pratiquent volontiers "les grands sites naturels" de manière ludique, sur des échelles très étendues.

---

29. Le tableau construit à partir d'un certain nombre de pratiques essentielles du ménage et les échelles territoriales qui leur sont associées, le montre avec une certaine évidence.

Tableau : Pratiques familiales/Echelles territoriales

Pratiques → / Formes ↓	Travail	Enseignement	Courses Grandes Surfaces	Petit Commerce	Equip. Maison Personne	Famille/ Amis	Activités Enfants	Activités Adultes
Métropolitain fréquent	**11**		3		1	2	1	2
Métropolitain rare			3		**13**	1	1	6
Bipolaire Aix Fréquent	**8**	**13**	**9**		3	2	**8**	4
Bipolaire Aix rare			3		2	1		4
Bipolaire Marseille fréquent	4		1		2	4		1
Bipolaire Marseille rare						3		1
Intercommunal (proximité) fréquent	3	6	**14**	2		5	**9**	3
Intercommunal (proximité) rare								
Commune fréquent	2	**12**	**11**	**9**		1	**9**	**12**
Commune rare					1			2
Hors métropolitain						4	3	**8**

Du flou de la territorialité périurbaine

La régularité de ces pratiques, l'addition de ces territoires individuels concourent donc à produire un territoire métropolitain dont l'habitant n'a pas exactement conscience, car lui aussi a tendance à se référer, dans ses représentations de l'espace, à des catégories spatiales limitées.

En effet, la conception du territoire en fait habituellement un espace clos, présentant en tout cas certaines limites, pensé d'abord comme un instrument opérationnel de gestion administrative, et, plus avant, nous avons vu par quel processus culturel, dans la tradition politico-gestionnaire française, la préoccupation des limites avait pu supplanter celle du contenu des territoires. Par delà le centralisme politico-spatial, on est en présence d'un autre effet jacobin d'une vision qui, uniformisante à force d'être absurdement universalisante, conforte l'idée qu'une égalité fondée sur l'homogénéisation des territoires puisse engendrer leur "équilibre".

L'habitant est lui aussi imprégné de cette culture, de là son malaise à définir son lieu de résidence, et plus globalement son "ici" dans un contexte qui favorise le "hors là"[30] pour la plupart de ses activités quotidiennes. L'identité du territoire s'essaime alors en des constructions identitaires individuelles, pour lesquelles la bipolarité Aix / Marseille continue de se représenter sous les termes d'une forte opposition, alors que la somme des pratiques laisse apparaître la réalité d'existence d'une aire au moins bicéphale, de toute façon polycentrique.

On assiste donc à une double construction des territoires familiaux en situation périurbaine (voire une multi-construction, si on l'élargit à la totalité des membres de la famille), avec d'un côté un territoire familial et d'un autre côté un territoire métropolitain. Par la régularité des fréquentations qu'elle distribue, leur intensité, cette somme de territoires familiaux contribue à dessiner une aire territoriale métropolitaine marquée par une nette ambiguïté dans la définition de ses limites, si tant est qu'il soit pertinent d'en trouver les contours ou les confins.

En fait, on pourrait dire, pour reprendre les métaphores intersidérales qui caractérisent les approches d'aujourd'hui, que les constellations de territoires familiaux contribuent à produire, à travers leurs pôles de destination et leurs mouvements de pérégrination, la "nébuleuse" du territoire métropolitain. Nos cartes en donnent déjà une première image, dont la "nébulosité" serait vérifiée, si on "s'amusait" à les superposer. C'est en ce sens que les territoires personnels, familiaux, l'espace métropolitain forment non pas des espaces clos, comme l'on entend traditionnellement ou

30. Serres, M., *op.cit.*

administrativement la notion de territoire, *mais des aires "mouvantes" présentant des contours flous.*

Cette représentation figurée, d'"aires mouvantes aux contours flous" est à la fois conforme, d'une part,S à la tendance à l'ouverture des territoires (il n'y a plus d'octroi en France, ni de douanes en Europe...) et la facilité d'y faire des incursions subreptices avec les possibilités de la mobilité, et, d'autre part, à la tendance à l'autonomie des personnes au sein de la famille, comme à celle de la famille en regard des obligations que pouvait autrefois imposer la parentèle. En effet, cette autonomie se construit davantage de nos jours sur des expériences individuelles, le détachement relatif de la famille participant d'une "désinstitutionnalisation" qui agit, selon F. Dubet et D. Martucelli, comme "un long renversement par lequel les conduites des acteurs et leur 'production' sont moins définies par leur conformité à des règles générales que par la construction d'expériences propres combinant les passions et les intérêts"[31].

Un parallèle peut alors être établi entre l'évolution de la société et l'évolution des territoires. Les valeurs et les normes, autrefois sécrétées par les institutions, se dissolvent au profit d'expériences individuelles dans les lesquelles le sujet se retrouve seul, face à lui-même. L'individu, par les jeux de mouvements de "désinstitutionnalisation" de la société moderne, décrits par Dubet et Martucelli, se construit à partir d'épreuves sociales inscrites dans un projet de vie. D'une manière semblable, les limites des territoires, dont les lignes, les frontières sont les figures emblématiques, empruntent aujourd'hui, par la mobilité généralisée, les voies d'un effacement irrépressible.

La crise de la territorialité, notée par M. Roncayolo, repose sur un affaiblissement des institutions et les jeux de la mobilité : "La critique de l'urbanisation se limite parfois à celle des formes physiques, de l'urbanisme alors qu'elle porterait plus justement sur les problèmes de mobilité et le type de relations sociales qui en résultent. La mobilité, comme son inverse, l'enracinement, ne peuvent être appréciés comme valeurs absolues. Celles-ci sont relatives à un état social et ne prennent leur sens que des rapports entre groupes et entre individus et groupes. Les positions des uns et des autres ne sont pas déterminées exclusivement par des causes territoriales ; mais c'est le plus souvent à travers le territoire qu'elles se mesurent et se concrétisent".

Allons alors plus avant dans la lecture de ces territoires, à partir de la restitution concrète, discursive, qu'en font eux-mêmes les habitants du

---

31. Dubet F., Martucelli D., (1998), *Dans quelle société vivons-nous?* Paris : Le Seuil.

périurbain, en procédant, d'une part, à l'examen du traitement cartographique par lequel nous avons "mis à plat" l'énoncé de ces pratiques, et en articulant, d'autre part, ce traitement territorialisé aux représentations mentales par lesquelles se donnent à "être dits" les lieux et les parcours inscrits dans ces territoires.

Chapitre 2

Les territoires péridomestiques

Pour cette installation, en "villa", en "campagne urbaine", l'usage des automobiles est nécessaire plus que partout ailleurs. La multi-motorisation[1] concerne toute une classe moyenne qui a les moyens de s'installer en zone périurbaine, le plus souvent en maison individuelle[2]. Dans les années 60, la voiture familiale servait à l'homme pour aller travailler et sortir en famille le week-end. Ce modèle révolu depuis longtemps fait place, aujourd'hui, à l'individualisation de l'usage de l'automobile, les membres d'une famille ayant un besoin simultané de se déplacer. Deux voitures sont désormais nécessaires pour l'accomplissement des tâches de la vie quotidienne, en revanche les déplacements liés aux loisirs, à la famille, aux vacances n'occupent en général qu'un véhicule dans le ménage. Pour L. Hivert et J.-P. Orfeuil, l'automobile constitue une pièce maîtresse de l'extension des territoires du quotidien, et ce d'autant plus que la multi-motorisation s'accompagne d'usages simultanés multipliés : les déplacements réalisés pour des activités de proximité des ménages multi-équipés ont en effet connu un forte progression[3].

Des territoires organisés par la vie domestique et l'automobile

La vie domestique, placée sous le sceau de la mobilité, doit être organisée pour pouvoir bien fonctionner. Par cette organisation, les familles démontrent un apprentissage de l'espace, qui devient territoire car les lieux, les trajets sont reconnus, identifiés, ordonnés dans leur succession (prise en

---

1. Elle est caractéristique des ménages ayant des revenus supérieurs à 120 000 F/an. Voir : "Consommation et modes de vie ; l'équipement des ménages en 1993", Paris : INSEE n°76, 1993.

2. *Ibidem.*

3. Hivert L., Orfeuil J-P. (1989), *Un milliard de déplacements par semaine, la mobilité des français*. Paris : La Documentation Française. Selon ces auteurs, un milliard de déplacements par semaine, soit moins de 20% de la circulation totale, est du à des déplacements de plus de 100 km du domicile.

compte des temps de parcours, choix des lieux et des itinéraires, des meilleurs créneaux horaires...).

Les thèmes de la gestion, de l'organisation des déplacements sont dès lors très présents dans les discours et les pratiques, car si l'espace est extensible, le temps, lui, ne l'est pas. Pour ces raisons, les déplacements en boucle, les "pérégrinations", sont largement répandus. La pérégrination est l'optimisation du programme d'activités d'un individu au cours de ses déplacements, sa capacité à auto-gérer ses besoins de déplacements dans une ville de plus en plus étendue[4]. Cette faculté de gestion entraîne certaines modifications dans les comportements de consommation vers les services urbains. Elle exprime, selon certains chercheurs, une tendance à ne plus conférer à l'espace résidentiel un aussi grand pouvoir attractif, au profit de l'usage des services urbains, plus liés aux déploiements des individus dans la ville, avec des possibilités "saisies" en temps réel. Nous verrons que cette conception, quoique bien réelle, est à nuancer, les territoires liés à la vie domestique ayant tendance à se construire dans une relative proximité de la maison pour des raisons sociales, économiques et physiologiques (parcours stressant, besoin de repos, etc.).

Ces pratiques pérégrinatoires s'inscrivent dans des routines quotidiennes, avec des ajustements de dernières minutes se complexifiant dès qu'il s'agit d'optimiser ou tout simplement d'organiser les besoins impromptus de déplacements de chacun. Ces derniers trouvent dans le téléphone portable, nouvel outil de gestion des déplacements domestiques, une réponse à leur mise en œuvre flexible. Les couples, quand mari et femme travaillent, ont une grande autonomie dans leur déplacement, rendue possible par la multi-motorisation. Les enfants, de leur côté, sont, la plupart du temps, en situation de complète dépendance. Les déplacements se construisent donc en fonction de contraintes quotidiennes externes et internes, laissant apparaître des interactions familiales qui influencent la nature ou la forme des déplacements et la distribution des rôles sociaux.

Les rythmes de la vie sociale, la qualité du temps disponible participent aux constructions territoriales. Le travail, l'école donnent des rythmes auxquels il faut s'adapter, et toute incidence sur les heures travaillées, les emplois du temps, a des répercussions en terme de rapport à l'espace. Ainsi le passage aux 35 heures suivant les modalités de son application aura un impact sur la mobilité individuelle. Récupéré sur un jour accolé à un week-end, il sera une incitation à de longs week-ends plus ludiques ; gagné sur un

---

4. Massot, M.-H. (1996), "Comportements de mobilité : modèles dominants et éclatement des modèles", in *Courrier du CNRS* n°82.

temps quotidien, il pourra assouplir l'organisation nécessaire des déplacements dans une famille avec un effet multiplicateur sur les déplacements quotidiens.

Nous avons, parmi les familles enquêtées, diverses catégories de personnes ayant des temporalités non contraintes par le travail (des femmes au foyer, des retraités) ou des personnes travaillant à temps partiel. Le temps disponible, sauf pour les retraités qui fonctionnent sur un rythme moins soutenu, sert le plus souvent à effectuer de petites courses ou démarches, à aller rechercher ou accompagner un enfant. Il renforce l'utilisation de lieux situés dans une relative proximité de la maison. À l'inverse, pendant les week-ends, les configurations territoriales d'échelle métropolitaine sont préférées, le temps disponible étant moins contraint.

La famille, sous la forme du couple avec enfants à charge, caractérise le peuplement du développement périurbain ; mais sa forme évolue au gré des cycles de vie : les enfants grandissent et ont des besoins différents suivant les tranches d'âges ; les parents vieillissent et leur territoire quotidien semble se réduire au fil des ans ; l'instabilité du monde du travail amène les personnes à connaître dans leur vie active plusieurs lieux de travail... Dans nos enquêtes, le binôme cycle de vie/rythme de la vie sociale apparaît très clairement, notamment pour les couples avec enfants. Les différents lieux pratiqués par les enfants, sur le long temps passé avec leurs parents, sont déterminants dans la construction territoriale des parents. Et si la carte scolaire est souvent déjouée pour des considérations diverses, pouvant aller du rapprochement au lieu de travail à des préoccupations beaucoup plus sélectives, il n'en demeure pas moins que, quel que soit le lieu fréquenté, la famille modifie sa territorialité en fonction des besoins des enfants.

La gestion des déplacements des enfants influence particulièrement la fréquentation des services urbains. Moteurs des constructions territoriales, ils en marquent d'autant plus, par la nature instable de leur temporalité et de leur localisation, la fluctuation des limites. Ainsi, tel ou tel lieu fréquenté par les enfants, ayant participé à une construction territoriale à un moment donné, y greffant une "boucle" d'accompagnement pesant sur la gestion du domestique, peut se retrouver du jour au lendemain en situation totale d'abandon. L'activité de l'enfant justifiait, par le déplacement qu'elle occasionnait, une certaine organisation, et la cessation de cette activité entraîne alors d'autres habitudes.

Les rythmes scolaires sont, par conséquent, déterminants dans l'organisation générale des déplacements de la famille. Il n'est pas rare qu'en début d'année scolaire, en fonction des emplois du temps et des activités extra-scolaires, les familles mettent en place un système d'organisation, un cadre général des déplacements à réaliser. Ce système fait intervenir les horaires des transports collectifs, les temps d'attentes, les différentes personnes à mobiliser (dans la famille ou le voisinage...). Les grands-parents peuvent aussi être sollicités pour effectuer des accompagnements. Ainsi une grand-mère récupère ses petits enfants tous les soirs, et son emploi du temps est réalisé en fonction du rythme scolaire. Cette personne a aussi un petit réseau de co-voiturage avec d'autres mamans. Pour elle, qui est grand-mère, la fréquentation d'autres mamans, est une occasion de revivre sa condition de mère et elle n'est pas sans trouver ce contact particulièrement satisfaisant.

De leur côté, les enfants (et notamment les adolescents), en demande de sorties, organisent leurs comportements de mobilité en fonction du mode de vie des parents. Pour telle adolescente, les loisirs des parents au moment du week-end sont une occasion d'être transportée avec une camarade. Sur place les deux jeunes mènent alors leurs activités séparément des parents.

> *On se groupe tous ; on fait des roulements, ça nous permet d'aller plusieurs fois au même endroit... par exemple on va à quatre à la patinoire aux Milles, ça nous permet d'y aller deux fois de plus... les parents, s'ils sont disponibles, ils se débrouillent pour nous amener ; sinon on reste là, on fait rien !* (Carole)

À la manière d'un puzzle, les territoires des uns s'articulent à ceux des autres, ne se superposant au mieux qu'en partie. À partir d'une direction donnée, d'un lieu projeté, chacun se greffe pour réaliser ses propres activités. Lors des pratiques d'achats, pour soi-même et quelquefois pour des parents âgés, lors des accompagnements d'enfants, pour leur scolarité ou les pratiques sportives et culturelles auxquelles ils s'adonnent (et que leurs parents semblent considérer comme importantes, dans le prolongement d'un espace domestique et d'un jardin qui constituaient la première étape de cette attention éducative), se révèlent plus souvent des juxtapositions que des coïncidences dans la configuration des territoires de chacun des membres de la famille.

Les possibilités de mobilité, bien que coûteuses, sont aussi mises à contribution pour la recherche du produit au meilleur marché et de qualité supérieure, en particulier pour ce qui concerne la maison et le jardin. C'est un même type de logique qui guide souvent le choix de l'inscription scolaire, mais surtout celui des activités extra-scolaires, pour lesquelles on portera attention au goût de l'enfant et à la meilleure offre, si éloignée soit-elle, si mal placée soit-elle par ses horaires, afin de le satisfaire. L'âge et les goûts variés des enfants, la différence de sexe conduisent alors à des créneaux horaires et à des localisations distincts qui favorisent l'éclatement et la multiplication des accompagnements, plus souvent assurés par la mère que par le père.

La voiture, instrument d'une certaine liberté

Pour s'adapter aux différents rythmes des uns et des autres, pour satisfaire les besoins de chacun, il n'est pas très original de dire que la voiture, par la souplesse de son utilisation est le mode de transport idéal. Cet objet, machine à haute valeur symbolique, instrument de liberté, de distinction sociale, est rarement remis en question spontanément. Nous retrouvons, dans l'ensemble des ménages visités, cette multi-motorisation, admise comme allant de soi. Ainsi, venant des personnes les plus aisées, aucune plainte n'est formulée sur le coût de la voiture, et souvent l'achat d'un troisième véhicule pour un enfant est perçu comme le prix à payer d'un certain standing, à tout le moins d'une décision d'installation périurbaine.

Pour les moins à l'aise financièrement, par contre, les crédits de la voiture et les assurances sont présentés comme les postes lourds du budget des ménages. On mène les véhicules jusqu'à la limite de leur usure, pour réduire les frais d'un renouvellement, au risque d'une panne, qui ajoute l'inquiétude d'un retard aux tracas de la circulation et au "stress" qu'ils engendrent, et au risque possible de l'accident, qu'on n'évoque pas, mais dont la possibilité augmente avec le vieillissement de la voiture et ce qu'on appelle, par un rassurant euphémisme, la perte de sa "fiabilité".

> *Les postes qui me semblent les plus onéreux, c'est l'assurance de la voiture... ça veut dire les frais d'entretien de la voiture, les frais de carburation de la voiture, et tout ce qui est frais d'assurance, ça peut aller chercher dans les 15 à 20 000 F par voiture... d'autant que moi, je fais 80 km par jour pour mon travail et mon épouse en fait quasiment autant, donc il faut une voiture neuve tous les 6 ans, 7 ans alors qu'avant on était à plus de 10 ans, maintenant ça n'existe plus quoi ! Parce que, plus elle vieillit, plus elle a roulé, moins elle est fiable ! Après ça va être : vous démarrez plus le matin ! On vous attend, vous n'êtes pas là ! "Allo! Bonjour, excusez-moi, mais je suis en retard parce que ma voiture ne marche pas..." etc., etc., bon ! On rentre dans un engrenage... Pour nous, c'est le poste qui nous revient le plus cher !* (M. Cid, Fuveau)

Dans un autre couple, le mari, employé, a mis deux ans pour négocier un véhicule de fonction, car la voiture représentait une charge trop lourde. Ici, c'est le mari qui s'occupe de l'entretien du véhicule de son épouse : il fait lui-même les vidanges. Un autre habitant, allant au-delà de son cas personnel, évoquera le cas de voisins qui ont dû déménager parce que les frais de véhicules ont été sous-estimés dans le projet d'installation périurbaine et son budget de départ. On glisse alors vers une généralisation rétrospective sur l'accession, où reviennent en mémoire les jalons d'une entreprise dont on a mal mesuré les difficultés ou le développement dans le temps, en particulier ceux qui sont liés aux transports scolaires des enfants, et la possibilité toujours menaçante d'un échec dans l'aventure de l'accession. La comparaison, avec d'autres parcours, montre alors que, loin d'être l'aboutissement d'un rêve à la portée de tout un chacun, l'accession n'est peut être finalement, en regard de l'esclavage des transports, qu'un choix que valent bien d'autres :

> *Je pense qu'à une époque comme la nôtre on a fait endetter les gens dans des maisons... moi, j'avais une facilité déjà : c'est que j'avais pas de frais de véhicule en tant que représentant. Donc on avait toujours un véhicule neuf ! Tandis que les gens qui avaient construit, qui avaient un véhicule un peu ancien, qu'ils pouvaient pas changer parce qu'ils étaient endettés, le jour où le véhicule tombe en panne, il faut acheter un véhicule, sortir de l'argent et ils ont des enfants qui ont grandi, il a fallu payer le car, il a fallu payer peut être des pensions pour certains, donc les gens étaient vraiment surrendettés et ont été obligés de vendre !* (M. Delœil, Fuveau)

> *C'est des choses qu'on ne maîtrise pas au moment où on prend la décision d'aller vivre à la campagne... Moi je travaille avec des personnes qui ont des enfants adolescents qui habitent Marseille, qui disent : " On aimerait bien avoir ce que vous avez vous à la campagne ! mais on dit : 'non !' , parce qu'on n'a pas envie d'être tributaires de ces transports !". C'est vrai que les enfants ont besoin de nous pour ces transports, le problème est résolu quand ils ont le permis de conduire, mais on est obligé après d'investir dans une voiture...* (Mme Guérin, Cabriès)

L'installation en "villa", en retrait des espaces d'urbanisation plus denses, se construit donc à partir d'une multi-motorisation accrue : le prix à payer en est la multiplication des trajets, insécures et coûteux, mais cette perception négative et somme toute réaliste, n'est abordée que par les familles ayant de faible revenus. Elle représente néanmoins un point de tension pour ce modèle d'habiter, auquel s'ajoutent les revendications portées, aujourd'hui, par les ménages à plus haut revenus, qui demandent des infrastructures de transport en commun.

Le problème des transports collectifs

Pour les "colons", la question des transports est cruciale. Souvent venus de régions mieux équipées en transports collectifs, ils ont une autre idée de ce que devraient être les déplacements. Deux représentations se conjuguent donc : celle des "locaux", assumant leur installation avec un avenir incertain (vieillissement), et celle des "colons" revendiquant des équipements en matière de transport ou critiquant la manière dont sont organisés les ramassages scolaires qui font perdre trop de temps aux enfants. Leurs récriminations leur semblent somme toute assez légitimes puisqu'ils ont payé au prix fort un terrain urbanisable. Ils n'ont pas conscience des décalages politico-administratifs, ni des effets pervers d'une urbanisation portée à bout de bras par la commune, pas plus que des problèmes que pose la charge des équipements collectifs.

> *Ça fait deux heures par jour, alors que ça pourrait être deux fois vingt minutes... alors qu'on n'est qu'à 15 km, on le fait en 1/4 d'heure (en voiture) !* (M. Blé, Fuveau, au sujet des transports scolaires)

Les "locaux", plus anciennement établis, parce que leur installation était davantage caractérisée par une mise en retrait de la grande ville, assument leur choix. Ils se sont adaptés à la longueur des trajets : elle faisait partie de leur aventure, bien qu'ils évoquent des temps durant lesquels les trajets et transports étaient durement vécus (notamment par la présence des enfants). Pour eux, alors qu'ils se sentent aujourd'hui débarrassés de cette contrainte, la question des transports reste "l'Arlésienne" de la région. Pourtant, elle a contribué à modifier leurs pratiques territoriales et elle représente une expérience vécue qui se diffuse aux nouvelles générations.

> *Moi, j'ai travaillé 22 ans à Marseille ; depuis 75, j'habitais Cabriès et je travaillais à la Valentine à Marseille... alors ça fait 1h1/4 le matin et autant le soir !* [donc,] *quand je peux éviter de descendre à Marseille...* [avant la retraite,] *c'était horrible! la galère !* (M. Lauthier, Cabriès)

L'expérience vécue des premiers, et l'expérience issue d'autres situations urbaines des seconds, même si elles ne remettent pas en cause directement l'automobile, alimentent un discours autour des difficultés de transport pour les enfants et le sentiment d'une certaine "dépendance automobile"[5] que n'arrivent pas à modérer les transports collectifs. Un habitant, pour des raisons financières, et à un moment donné du démarrage de la construction de sa maison, nous dira son expérience intenable du recours au bus pour aller de Cabriès à Marseille. Beaucoup affirment ainsi que, s'il existait un transport collectif efficace, ils le prendraient volontiers pour aller travailler.

Les problèmes du transport des enfants apparaissent alors de manière récurrente dans les discours. Tous les ménages se plaignent du manque de transports collectifs, pour les enfants (pas pour eux-mêmes), des ramassages scolaires mal adaptés aux horaires de sorties et qui font perdre trop de temps. La dilatation des espaces urbanisés provoque nécessairement des circuits de bus assez longs et souvent la plupart des parents ne comprennent pas ces détours, car ils ont une vision du trajet maison/établissement scolaire calculée en temps de voiture.

---

5. Dupuy, G. (1999), *La dépendance automobile. Symptômes, analyses, diagnostic, traitements*. Paris : Éditions Anthropos.

Ces ramassages scolaires, jugés inadaptés à une demande chaque fois particulière, car trop peu nombreux dans la journée, incitent alors les parents à se substituer au transport collectif en menant des pratiques pérégrinatoires parfois très complexes et très longues. Une habitante de Fuveau accompagne par exemple ses enfants à Aix le matin, pour aller ensuite travailler à Marseille et revenir les chercher le soir.

À cela s'ajoute, à Fuveau, une gestion des transports en commun pénalisante au niveau tarifaire. Un abonnement mensuel est proposé pour le ramassage scolaire, mais si l'enfant prend une autre compagnie à un moment qui lui convient mieux, il doit payer son droit au transport en plus. Les adolescents se plaignent de cette pratique et ce surcoût apparaît aussi dans les discours des ménages ayant le moins de revenus. En l'absence d'autres possibilités, les parents n'hésitent donc pas à complexifier leurs déplacements automobiles et trouvent alors dans ces accompagnements, dans les arrangements avec des voisins, une convivialité et des vertus sécurisantes, images inversées de leurs craintes de l'insécurité routière.

> *On n'a pas de problème le matin parce que moi je travaille à Aix, donc je pars un quart d'heure plus tôt, et c'est plus convivial de faire un voyage avec lui* [son fils] *en voiture...*(Mme Guérin, Cabriès)
>
> Elle : *Il pourrait y aller en bus... et puis on a trouvé qu'on pourrait s'arranger comme ça, on a des horaires qui coïncident un peu avec ceux des voisins, donc on se répartit un peu à tour de rôle !*
>
> Lui : *On a programmé en début d'année en fonction de l'emploi du temps de ma femme... on s'est mis autour d'une table...*(M. Blé, Fuveau)

Mais cet arrangement est aussi le reflet d'une certaine peur, du sentiment d'une autre forme d'insécurité pour les enfants, qui frappe aujourd'hui les transports en commun : celle de l'agression. Un couple nous avouera qu'un jour leur fils s'est fait un peu "bousculer" sur le trajet menant à l'arrêt de bus et que, depuis, ils préféraient assurer ces accompagnements. Une mère de famille, quant à elle, téléphone systématiquement à son fils avant de partir de Vitrolles pour savoir s'il est bien arrivé. Cette gestion conduit les parents, inquiets (parce que leurs enfants sont exposés à divers dangers, en "traînant en ville") ou insatisfaits (de cette perte de temps en attente), à programmer au mieux qu'ils le peuvent ces accompagnements en voiture. Ce sont en définitive les adolescents qui souffrent plus profondément de cette situation, car elle leur enlève toute autonomie.

Tout concourt donc à ce qu'il y ait un usage accru de l'automobile : choix du lieu d'habitation, individuation des attentes qui incite à la multi-motorisation, déficit des transports collectifs, souplesse de l'automobile permettant d'effectuer des circuits de déplacements complexes, plus ou moins satisfaisants, mais, de toute façon, lourds à gérer.

Au milieu de ces déplacements innombrables, la villa fait figure de pivot central, de point de départ des mobilités, de lieu de centralité pour les unités domestiques et la construction des territoires péridomestiques. Les destinations sont variées, elles font intervenir les lieux de travail, d'enseignements, d'activités ou de loisirs, d'équipements de la personne ou de la maison, d'achats alimentaires et les divers réseaux de sociabilité... Elles concourent ainsi à produire un "espace mobile"[6], selon Jean Rémy et Liliane Voyé, secrété et approprié par des groupes ayant la capacité de se mouvoir, aires aux contours flous composées de la somme des territoires individuels, comme cela a été dit. La valorisation de la mobilité aux yeux des périurbains, notamment des catégories les plus aisées, est ici, dans ces "campagnes urbaines" à son comble : elle se traduit certes par des clivages dans les rapports à la mobilité, selon les catégories d'individus, et notre approche s'efforce de ne pas omettre ces différences dans les comportements, dans un ensemble qui pourtant fait masse. Cette automobilité contribue également à une certaine reconstruction des relations sociales, plaçant la mobilité comme élément constitutif du redéploiement de la vie domestique, et des attachements identitaires individuels.

Les pratiques des membres de la famille font apparaître cette maison comme le centre d'un "système de lieux" qui assure son fonctionnement, tant au niveau des besoins domestiques qu'à celui des occupations non domestiques de la famille. Elle est ainsi au centre d'un "territoire du quotidien" qui se caractérise certes, en regard d'autres modes résidentiels, par son extension, mais aussi par une multiplication des déplacements de courtes distances. C'est cette échelle de proximité que nous allons tenter de définir plus finement, dans la suite de ce chapitre. Nous nous intéresserons pour ce faire aux pérégrinations péridomestiques, aux "territoires du quotidien", en interrogeant les pratiques et représentations individuelles, ainsi que les arrangements internes à la famille.

Les courtes distances de l'approvisionnement alimentaire

Le lieu de résidence apparaît nécessairement déterminant pour la formation des territoires de la consommation domestique. La configuration spatiale dominante est celle de la proximité - la courte distance - au lieu de résidence, disposition qui s'accorde avec la recherche, par les moyennes

6. Rémy J., Voyé L. (1995), *op. cit.*

surfaces, d'implantations proches des zones résidentielles. Les courses alimentaires ne se font que très rarement à l'échelle métropolitaine des grands dispositifs commerciaux : Plan de Campagne, Les Milles, Vitrolles, Aubagne.

Ces grands dispositifs peuvent être convoqués simultanément pour les consommations alimentaires et les consommations liées à l'équipement de la maison : les familles de Cabriès se retrouvent "naturellement" dans cette configuration (avec l'immense zone commerciale de Plan de Campagne). Tel n'est pas le cas de celles de Puyloubier et de Fuveau qui établissent une distinction dans ces pratiques. Ici les courses alimentaires sont séparées des courses liées à l'équipement de la maison et de la personne : les lieux, les rythmes et qualités temporelles de chacune de ces activités ne répondent pas aux mêmes attentes.

La présence de Plan de Campagne, sur une partie du territoire communal de Cabriès, est très attractive pour les familles de Cabriès. C'est une facilité, une praticabilité d'autant plus appréciée que la zone commerciale est topologiquement hors de la vue des habitants de Cabriès. La Vallée de l'Arc, bien équipée au niveau des moyennes surfaces commerciales, est le territoire de la consommation domestique des familles de Fuveau (Gréasque et Gardanne) et de Puyloubier (Trets). Le critère de proximité reste d'autant plus incontournable que, dans la plupart des familles, les deux conjoints travaillent et lorsqu'elles participent d'un enchaînement de motifs, dans un même déplacement, les courses se font sur des trajets de retour de travail, d'accompagnement d'enfants. Elles s'optimisent dans des créneaux possibles, aux rythmes des changements dans l'organisation familiale.

> *Je fuis les grandes surfaces, les grands supermarchés. Avant je fréquentais, justement, Carrefour à Aix, ou même Auchan à Aubagne, et puis maintenant c'est le petit Casino de Fuveau, ou Champion à Gardanne, c'est-à-dire que c'est dans le secteur le plus rapproché pour que ça me prenne le moins de temps possible... maintenant les grandes surfaces, c'est tous les 2 ou 3 mois, sinon c'est les trucs de proximité et je trouve tout...* (Mme Rives, Fuveau)

Les courses alimentaires, toujours présentées comme une "corvée" dont on se défait le plus rationnellement possible, de manière organisée, s'effectuent donc dans un créneau temporel le plus serré possible, plutôt dans des surfaces moyennes, situées à temps / distance de voiture courts, que dans les grandes surfaces, sinon lorsque le retour du travail offre les conditions d'une exécution rapide de la "corvée".

> *C'est tellement ennuyeux de faire les courses... je les fais avant le week-end, je préfère ne pas m'agglutiner dans les magasins le samedi avec tout le monde... j'essaye de grouper... j'essaye d'éviter les grandes surfaces !* (Mme Coulomb,

Fuveau)

Les courses alimentaires mettent en évidence une division des tâches au sein de l'unité domestique, durant la semaine. Elles sont toujours faites, chez les familles visitées, par une seule personne, toujours la même, sans alternance, la femme la plupart du temps. Selon l'INSEE, "faire le ménage, la cuisine, les courses, s'occuper du linge sont toujours des activités principalement dévolues aux femmes ainsi que le temps d'éducation des enfants qui leur revient pour les deux tiers"[7] et cet état de fait n'a guère évolué dans le temps.

Cette perception d'une "corvée" peut avoir plusieurs significations. D'une part, la routine engendrée par ces courses avive ce sentiment ; l'INSEE note qu'"une activité ménagère est perçue comme plus agréable lorsqu'elle est exceptionnelle et ne prend pas trop de temps". Dire que c'est une corvée, c'est aussi sous-entendre que l'on a par ailleurs d'autres activités plus valorisantes. Les femmes qui emploient le plus ce terme sont celles qui ont un travail. Les courses les ramènent à une activité domestique dont elles voudraient se défaire, ou, tout du moins, qui porte atteinte à un statut social tourné vers l'extérieur de la maison. Elles se retrouvent alors en déséquilibre par rapport aux différents rôles qu'elles doivent mener. Les courses ne sont pas intériorisées comme des tâches allant de soi, que de toute façon il faut mener. Ce déséquilibre a été analysé par Jean-Claude Kaufmann[8] sur les pratiques de ménage (nettoyage, repassage) : les femmes, il n'est pas inutile de le rappeler, ne sont que depuis peu de temps sur le marché du travail et c'est souvent grâce à ce second salaire du ménage qu'a pu se réaliser l'achat de la maison.

Les courses sont généralement groupées sur un jour dans la semaine, choisi de préférence avant le week-end, pour les femmes qui travaillent. Elles insistent sur l'organisation nécessaire, bien planifiée, de cette activité, pour montrer qu'elles s'acquittent de ce rôle de manière rationnelle... (plus masculine ?). Les discours des hommes, quant à eux, laissent sous-entendre qu'ils peuvent être mieux organisés que les femmes, si nécessaire. De cette manière, ils donnent l'impression d'intérioriser cette tâche, dont il faut souligner, soit le caractère exceptionnel (hors routine), soit une manière plus spécifique de la réaliser, tous les 15 jours par exemple, ce qui n'exclut pas des courses de dépannage au village, réalisées par les femmes.

---

7. INSEE Première n° 675.
8. Kaufmann, J.-C. (1997), *Le cœur à l'ouvrage, théorie de l'action ménagère*. Paris : Nathan.

LIEUX D'ACHATS DES FAMILLES

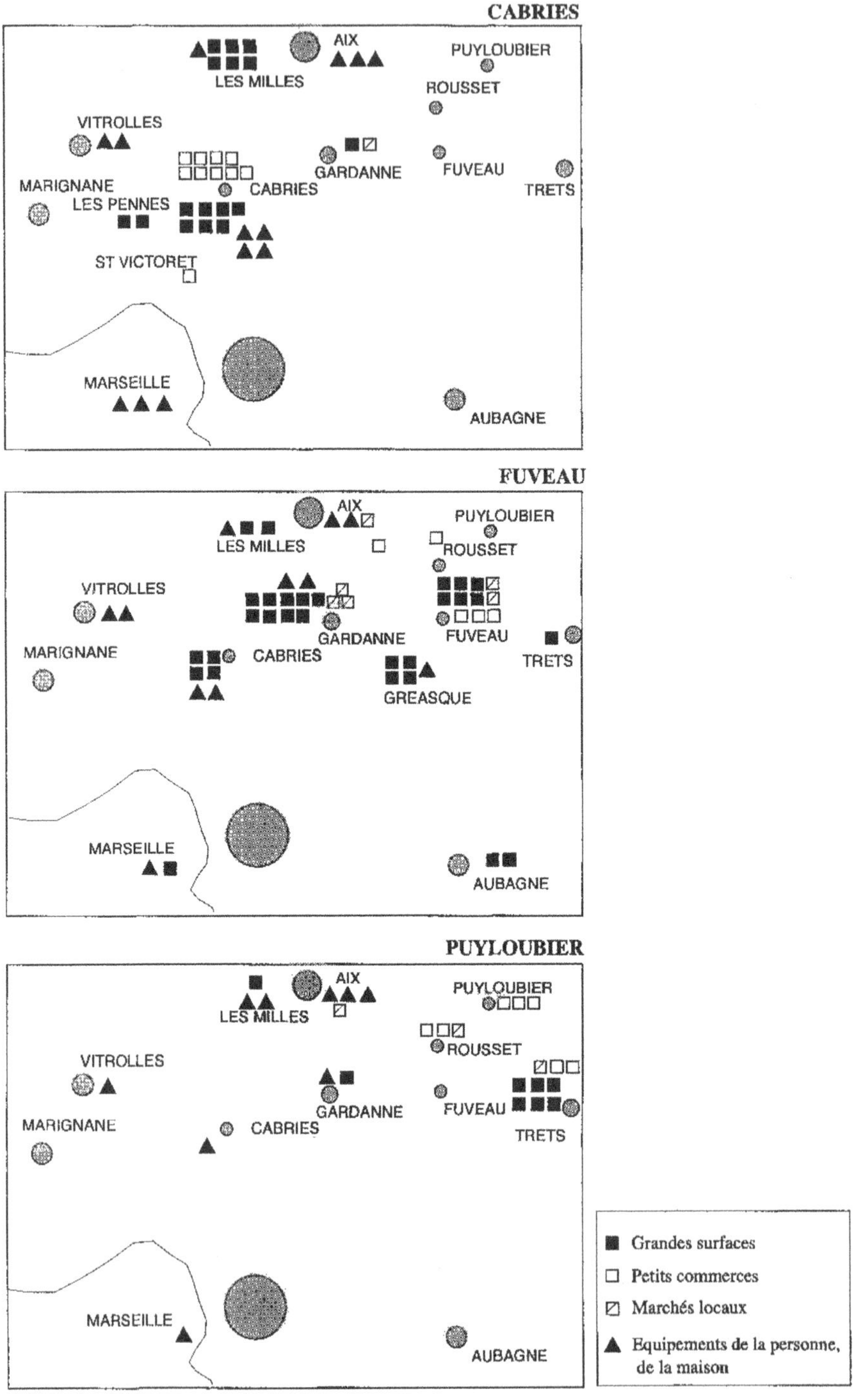

Si vous y allez un lundi, vous faites vite vos courses, vous en avez pour une demi-heure et c'est terminé... ma femme s'était cassée le pied, c'est moi qui allait faire les courses... en 20 mn ; et on avait de quoi manger toute la semaine ! (M. Jacques, Fuveau)

C'est un domaine qui m'est un peu réservé, il faut dire les choses comme elles sont... donc moi, si je peux éviter d'y aller toutes les semaines... parce que ça finit par me gonfler ! (M. Cid, Fuveau)

L'éclatement des territoires de la consommation va de pair avec le temps disponible. Pour ceux qui n'ont pas d'activités professionnelles, les femmes "au foyer", ces courses sont l'occasion de déplacements fréquents vers des lieux plus variés, en fonction de la qualité des produits recherchés. C'est à Puyloubier que nous avons rencontré ces femmes (simple coïncidence ou histoire spécifique d'un peuplement périurbain ?). Ce sont aussi celles qui ont le plus d'enfants. Rappelons qu'à Puyloubier, l'installation à la campagne est volontiers choisie, du moins pour les personnes interrogées et installées depuis fort longtemps. Ces femmes "au foyer" quittent donc la maison de manière plus fréquente et se construisent un territoire autour de Rousset et Trets, fait de mini-déplacements souvent associés à une activité personnelle, mais aussi n'hésitent pas à aller fréquemment aux Milles.

À côté des femmes qui ne travaillent pas ou qui ont des emplois à temps partiel, et qui vont plus fréquemment faire des courses, nous retrouvons aussi celles dont le ménage se caractérise par de faibles revenus. La nécessité de trouver les produits les moins chers les conduit à multiplier les lieux de courses alimentaires. Allant plus souvent dans les grands centres commerciaux, pratiquant une échelle métropolitaine, elles réalisent de nombreux déplacements pour ce motif, minimisant leur temps passé et les coûts de transport par la pérégrination.

À travers ces ménages à faibles revenus, ou ayant connu des difficultés financières, on mesure le coût de cette proximité, dans la pratique des courses alimentaires. Une mère de famille nous dira que, la situation du ménage s'étant améliorée, elle peut s'offrir le luxe d'aller à la moyenne surface commerciale de Fuveau pour les courses hebdomadaires. Elle valorise cette situation, ne faisant apparaître qu'avec réticence qu'elle fréquente le Carrefour des Milles une fois par mois pour les "grosses" courses.

Je vais de plus en plus au Casino de Fuveau, avant je n'y allais pratiquement jamais. Je faisais mes courses dans les hypermarchés et souvent à l'Intermarché de Gréasque parce que c'était plus économique. Mais là j'ai plus le temps, j'ai plus envie de me tracasser! Je vais à Fuveau, j'achète presque tout chez eux, tant pis si c'est plus cher. J'y vais tous les deux jours, j'achète ce qui me manque et je rentre à la maison. Je ne planifie plus, j'économise mon temps et puis je n'ai plus envie d'aller le samedi dans les hyper. Je ne supporte plus ! Avant je le faisais... avant on faisait vraiment des kilomètres pour payer moins cher...(Mme Barjavol, Fuveau)

Ainsi la relative proximité relève d'un paradoxe. Se ravitailler pas trop loin coûte moins cher en temps et en coût de déplacement, mais plus cher en ce qui concerne les produits achetés. Les ménages les moins favorisés minimisent le temps et les coûts de déplacement pour aller chercher les produits meilleur marché en très grandes surfaces. Cela revient à dire, au regard de l'exemple cité, que le temps passé est un critère important et, indirectement, le coût du déplacement même si les familles interrogées n'en font pas état spontanément. Le sentiment de "corvée" dont nous avons parlé n'est pas lié aux déplacements pour faire les courses, mais à l'acte de faire les courses elles mêmes. Les multiples déplacements que nous évoquons apparaissent comme invisibles pour cette pratique, alors que, nous le verrons plus tard, ils sont lourdement ressentis quand il s'agit des accompagnements d'enfants. L'acte d'accompagner un enfant à une activité, par exemple, fait intervenir des questions d'éducation, de choix éducatifs en vue de l'épanouissement des enfants, et cette dimension est fortement intériorisée par la personne, du coup le désagrément portera plus sur les difficultés de déplacements.

La fréquentation des grandes ou moyennes surfaces alimentaires convoque par ailleurs des processus d'appropriation. Les personnes ont parfois des habitudes de fréquentation fortement ancrées, qui les amènent à ne pas changer de lieu de ravitaillement, ainsi M. Gaudin de Cabriès nous dira : "*...j'ai pris le pli d'aller à Continent* ", parce que dans d'autres magasins il n'a plus ses repères. Il est tout à fait intéressant de voir cette autre personne, installée depuis plusieurs années au Domaine de Calas (Cabriès), faire exclusivement ses courses, petites ou grandes, au Carrefour des Milles qu'elle n'hésite pas à comparer à un village, parce qu'elle en connaît les chefs de rayons, et ne mentionner par ailleurs Plan de Campagne que pour la présence d'Avant Cap et de marques "chic", ce qui constitue une façon de se positionner socialement en rupture avec l'image populaire de Plan de Campagne.

L'échelle métropolitaine, pour l'équipement de la personne et de la maison

En termes de productions domestiques, la maison du périurbain semble satisfaire de nombreuses vocations : un jardin, un potager que l'on apprendra à composer, la découverte de certains éléments de construction tels que le bois, qui remplira petit à petit les pièces et pour réaliser tout cela, selon son goût, la mode du jour et les moyens que l'on pourra y consentir, des destinations, des lieux d'approvisionnement, souvent visités pour répondre à cette demande (ou pour la susciter ?). Le fait d'être propriétaire, d'avoir un jardin, de pouvoir bricoler, fait partie d'un processus de construction identitaire qui dépasse le seul cadre de la forme bâtie.

Les ménages se situent en effet dans un processus de production domestique qui n'est pas à minimaliser, et qui fait sens en regard des destinations atteintes. La "production continue" de la maison génère "la diffusion d'une identité sociale"[9]. Les aménagements réalisés dans cette maison, et ils sont nombreux, outre qu'ils en augmentent la valeur marchande, contribuent à produire de l'identité ; l'habitation est alors "modalité de l'existence sociale". Cette construction identitaire ne se borne pas, d'ailleurs, aux limites de la maison, les identifications se font dans un espace bien plus large, dans les choix qui sont donnés à l'extérieur ; c'est en ce sens que les destinations sont, elles aussi, porteuses d'identités. Elles sont ainsi choisies par rapport à des centres d'intérêts constitutifs de la personnalité individuelle, de son identité.

Par la maison-monde, les passions entraînent les individus bien souvent en des territoires virtuels ; par l'automobile, elles participent à l'éclatement des destinations. Un habitant de Cabriès connaît ainsi tous les pépiniéristes du coin et peut aller jusqu'à Aubagne chercher un type d'engrais. Pour un autre, la passion du jardinage n'a pas de frontières et outrepasse les possibilités de l'automobile :

> *On a appris à apprécier la nature, à découvrir les plantes, les arbres, ça nous a énormément enrichis, j'en suis arrivée à lire des livres de botaniques, j'ai lu des tas de bouquins sur les rosiers, ça m'a amené des connaissances que je n'aurai pas eues sans cet environnement... J'ai fait des commandes d'outils en Angleterre! J'ai pas de frontières! Il vaut mieux que j'ai pas Internet!* (Mme Barjavol, Fuveau)

Mais les passions ne sont pas les seules capables d'entraîner aussi loin. Les simples productions domestiques, le bricolage, qui, nous l'avons déjà dit, ne sont pas toujours très appréciés, conduisent les hommes, principalement, à chercher des matériaux de construction et à connaître précisément les différents coûts en consommateur averti. Dans ces cas-là,

---

9. Bonnin, Ph. (1994). "L'habitation, modalités de l'existence sociale", in *Les hommes, leurs espaces et leurs aspirations. Mélanges en l'honneur de Paul-Henry Chombart de Lauwe*. Paris : L'Harmattan.

c'est le prix des produits, mais aussi les qualités recherchées qui entrainent des déplacements à l'échelle des grands dispositifs commerciaux bien connus, type Castorama, Leroy Merlin. Suivant le moment dans la construction, ces grandes surfaces seront plus ou moins fréquentées, mais elles ne seront pas les seules, car construire une maison, c'est donner une identité et donc rechercher une certaine distinction dans le goût.

On a participé énormément au choix des matériaux, on s'est même déplacé dans des régions pour choisir nous-mêmes... (M. Rives, Fuveau)

Ainsi, si les grands centres commerciaux répondent à une demande forte en matière d'équipements de la maison[10], quelque part, en produisant une infinité de produits standardisés, la recherche de meilleures affaires ou de productions originales éloigne toujours le consommateur de sa maison, le conduit à minimiser les coûts de transports. Plus prosaïquement encore, nous pouvons dire que tout le monde se retrouve un jour dans une grande surface, quelle que soit sa catégorie sociale d'appartenance. Cependant, pour certains, c'est plus une habitude que pour d'autres.

Les grandes surfaces que sont Plan de Campagne, Vitrolles, Marseille et Aubagne ne sont pas fréquentées de la même manière ni dans les mêmes temps que les courses alimentaires. Le modèle type de fréquentation se situe dans ce cas pendant le week-end, et on est la plupart du temps accompagné par un membre de la famille (ou plus). Ces achats-là et les déplacements qu'ils occasionnent ne sont pas perçus aussi négativement que les courses alimentaires. Plus occasionnels, ils ne constituent pas des routines ; ils peuvent même être élevés au rang de loisirs.

Tout d'un coup, on a envie de faire les boutiques, on va en général à Plan de Campagne, ou le samedi ou le dimanche... c'est presque un loisir ! (Mme Jacques, Fuveau)

Le samedi, le dimanche, si on bouge c'est uniquement pour le plaisir... une fois on est descendu à Vitrolles faire des soldes, une fois on est descendu à Marseille avec les copines, on se voit, on se ballade, ça fait du bien !... plutôt avec des copines ; mon mari, les magasins, c'est pas son truc! En tant que femme qui se respecte, moi j'aime bien... [Plan de Campagne]. *Tous ces trucs, je les fais tous... j'aime tout : les magasins, l'arrêt boisson et gâteaux obligatoires ce jour là... tout quoi ! le plaisir, c'est le week-end !* (Mme Martin, Fuveau)

Plan de Campagne... c'est plutôt le week-end, des fois samedi, des fois dimanche, avec mon mari... il traîne d'un côté au bricolage pendant que je fais des courses et après il me rejoint... avec les enfants, de temps en temps... avec ma

10. 60% des commerces de Plan de Campagne.

fille, on est constamment ensemble... (Mme Sonari, Fuveau)

Lui : *c'est plus pour se promener : Ikea*[11]...
Elle : *quand on veut se dépayser un petit peu! ça change... et encore, ils ont refait leur look, là...*
Lui : *il y a des idées à Ikéa... mais c'est pas pour ça qu'on va acheter beaucoup à Ikéa... de temps en temps !*
Elle : *ça change de la routine!* (Chenu, Fuveau)

Les femmes au foyer, présentes dans notre ensemble de Puyloubier, se déplacent plus volontiers en semaine vers ces grands centres commerciaux, et convoquent, pour les fréquenter, les grands moments qui rythment l'année : rentrée scolaire, fêtes de Noël, périodes de soldes... Cette notion de rythme permet de nuancer l'intensité des fréquentations : les familles de Cabriès vont occasionnellement dans les grands centres commerciaux pour l'équipement de la maison et de la personne, les familles de Puyloubier y vont exceptionnellement.

C'est très variable... il y a des mois où j'y vais pas du tout. J'y vais à la rentrée, un peu au moment des soldes ; je vais même jusqu'à Marseille au Centre Bourse. Je suis assez grandes surfaces quand les trajets sont fatigants et le parking facile. J'ai été enceinte quatre fois habitant ici, j'ai trouvé ça pratique les grandes surfaces, on se gare plus près du magasin, et j'ai gardé un peu cette habitude... (Mme Wolf, Puyloubier)

L'accessibilité automobile des grandes surfaces, les choix qu'elles offrent pour tous les membres de la famille, font d'elles des espaces attractifs. Dans les familles rencontrées, la fréquentation des grands dispositifs commerciaux éclipse celle d'Aix ou de Marseille pour ce motif d'équipement de la personne ou de la maison. Mais Aix reste un lieu mentionné pour son cadre agréable et le plaisir des ballades. Ainsi Plan de Campagne est perçu pour certaines personnes comme une destination détruisant les valeurs familiales, un espace infréquentable à cause de la foule, alors que d'autres y voient un ensemble d'avantages dans le regroupement des commerces et la possibilité de se garer gratuitement :

Une question pratique : c'est plus difficile pour se garer. On est obligé de courir beaucoup plus parce que les magasins qui m'intéressent sont beaucoup plus éloignés les uns des autres tandis que les très grandes surfaces comme Grand Littoral ou Plan de Campagne regroupent sur un périmètre tout ce qui m'intéresse... sur un périmètre beaucoup plus restreint... Pour le regroupement que

11. Implanté sur la zone commerciale de Vitrolles.

représente Plan de Campagne ou Grand Littoral[12]*, c'est-à-dire que dans une après-midi, j'ai vu tous les magasins que je voulais voir... je ne pourrais pas le faire à Aix, parce que çà me prendrait beaucoup plus de temps ou ça m'obligerait à reprendre ma voiture parce que tout n'est pas au centre d'Aix... par contre ça m'arrive de me promener dans Aix, mais à ce moment-là, c'est vraiment pour profiter de la beauté de la ville... ça m'est arrivé... je fais pas les deux... C'est vrai que, par contre, j'aime bien aller à Aix faire un tour au marché, me promener dans les rues : on découvre quand même quelque chose, car c'est une ville qui est très riche...* (Mme Jacques, Fuveau)

Cette attractivité ne nous est pas toujours livrée spontanément. Les femmes présentent plus volontiers ces sorties comme des activités ludiques, qu'elles mènent souvent avec leurs filles ou d'autres personnes (famille / amies). Pour les hommes, au contraire, elles sont présentées comme des réponses à des besoins. Ils parcourent l'échelle métropolitaine à la recherche de services, mais l'idée de plaisir n'est pas associée au déplacement, sauf cas particulier de passions (jardinage par exemple). Beaucoup d'hommes disent ne pas aimer les grandes surfaces, la foule, le fait de se faire piétiner. Ici la grande surface rejoint les nuisances de la ville, et son rejet participe de l'image que l'on se fait de l'installation en villa.

Lui : *Moi un week-end vous ne me ferez jamais aller à Plan de Campagne... jamais! D'abord j'ai horreur de la foule, enfin ce système* [travail le dimanche], *en plus... faire la queue, trouver une place pour se garer, se faire massacrer sa voiture par les chariots et tout ça? Moi ça ne m'intéresse pas ! ... c'est un peu trop à l'américaine...*
Elle : *c'est effrayant le dimanche... tu te gares à un endroit et tu fais des kilomètres à pied parce qu'il faut pas lâcher la place !* (Jacques, Fuveau)

Les petites courses : entre pratiques pérégrinatoires et plaisir

À la jonction entre ces pratiques de consommation, ponctuelles, programmées ou non, combinant la courte distance et l'échelle métropolitaine, s'inscrivent les pratiques pérégrinatoires des "petites" courses. Tout le monde sait qu'il manque toujours quelque chose dans une maison ! Et les courses "programmées" n'excluent pas des achats quotidiens et complémentaires. Suivant le village d'implantation, ces courses d'appoint privilégient les commerçants du village de résidence, des villages voisins ou les commerces en bordure de routes ou près du lieu de travail... Ces petites courses s'inscrivent le plus souvent, quand il ne s'agit pas du village de résidence, dans un motif de déplacement. Derrière ces déplacements

12. Implanté dans les quartiers nord de Marseille.

singuliers se révèle souvent la défense du caractère pittoresque et convivial d'un lieu positivé et fragile.

À Fuveau davantage qu'à Cabriès, les commerces au centre du village sont fréquentés régulièrement, pour de petits achats ponctuels. Ils sont constitutifs de la vie villageoise recherchée. Ainsi les hommes aiment aller le week-end dans le village chercher le pain, le journal, boire un café... C'est bien souvent la seule occasion qu'ils provoquent pour aller au village. Cette tendance n'est pas liée à l'ancienneté, les "colons" apprécient cette récréation, qui participe à leur installation. Même s'il ne s'agit pas ici d'un attachement identitaire puissant comme peuvent le développer les "locaux", cela procède d'une recherche affective de repères et de liens.

À Puyloubier, la disparition quasi totale, en 1999, des derniers commerçants (sauf la boulangerie et la boutique de presse) est vécue comme une perte de lieux pouvant fabriquer du lien social. La mise en place d'un marché, très récente, devrait alléger cette perte. D'ailleurs, l'existence des marchés locaux dans un rayon limité est fortement appréciée des ménages de Fuveau et de Puyloubier : marchés des villages eux-mêmes et marchés de Gardanne, de Trets, voire d'Aix. Cette tendance est moins nette à Cabriès[13].

Ces marchés sont fréquentés de manière régulière, par la femme quand celle-ci a du temps disponible et même en famille. Pour certains, c'est une sortie dominicale, qui les sort de la maison et qui permet de se ravitailler, de s'habiller à un moindre coût ; pour d'autres, c'est l'occasion de "remplir la malle" une fois par semaine.

Les familles de Cabriès, par contre, semblent avoir perdu cette habitude de marché : cette pratique n'est pas apparue chez les habitants interrogés comme s'inscrivant dans une routine, elle s'est révélée au contraire comme exceptionnelle, plutôt dirigée vers Aix et, d'ailleurs, à Cabriès, le petit marché hebdomadaire ne fonctionne pas très bien. La commune étant au cœur d'importants dispositifs commerciaux, il semblerait que certaines habitudes comme les marchés tendent à disparaître, ainsi que l'achat du pain quotidien au village : certaines familles achètent du pain en grandes surfaces et le congèlent. Par contre des fermes maraîchères proposent des produits et sont appréciées. Là aussi nous pouvons y voir, outre la recherche de produits dits "de qualité", le plaisir de rester en contact avec une certaine forme de ruralité, voire un cadre paysager. À Puyloubier, les lieux des petites courses

---

13. AUPA/CERTU/CETE (1998), *Appartenances, pratiques et perceptions des centres en périurbain. Une enquête auprès des habitants des communes de Cabriès et Bouc-Bel-Air entre Aix-en-Provence et Marseille*. Lyon : CERTU.

paraissent davantage disséminés, ils incluent les villages de Trets et Rousset, ainsi que les marchands saisonniers le long de la Nationale.

Dans le discours des femmes, les petits commerces sont davantage représentés comme un complément des courses groupées qu'elles font par ailleurs. L'engagement affectif se veut moins affirmé. Cette perception différente est sans doute le résultat de l'histoire de la vie des femmes qui voient dans ces fréquentations la poursuite de leur assignation à résidence, dont elles viennent à peine de se délivrer. Fortement liée au degré d'intégration dans le village[14], la fréquentation des commerçants dans un village répond aussi à un besoin d'échanges dont on peut tirer profit ; elle peut également fonctionner comme une pratique d'assistanat en faveur du maintien des petits commerces :

> Lui : *On fait la tournée des grandes surfaces pour avoir le prix et pour avoir le choix... On voit les différents modèles, on voit les prix et quand il y a un modèle qui nous plaît, on va voir le commerçant local en lui disant, on veut çà. Alors il sort ses catalogues...*
> Lui : *Ce qui permet de faire travailler le commerce local !*
> Elle : *...les commerçants du coin !*
> Lui : *Et ce qui permet, et là on revient au chapitre " association ", c'est que quand on a besoin de quelque chose, on peut les voir pour qu'ils nous fassent un prix...*
> Elle : *Quand on organise des lotos tout çà, ça permet de faire vivre le village !*
> Lui : *En travaillant avec les commerçants, ça permet aussi pour l'association d'avoir de la publicité quand on publie notre bulletin !*
> Elle : *C'est un échange !* (Chenu, Fuveau)

La multi-motorisation permet aux membres de la famille de mener des activités séparées, même si, la division traditionnelle des tâches domestiques évoluant lentement, les femmes décrivent des territorialités sous pression, avec une organisation tendue des déplacements.

Les consommations domestiques conduisent dès lors l'habitant périurbain à combiner différentes échelles spatiales, et, du village aux grands dispositifs commerciaux, le choix est vaste. De ce fait, il a acquis une bonne connaissance de ces lieux : elle est certes due à la comparaison des prix et des produits achetés, mais elle est également alimentée par des représentations particulières mettant plus ou moins en évidence, selon les individus, une recherche de l'hyper-densité commerciale. Elle a du sens en

14. Cette dimension sera analysée dans le chapitre suivant.

regard du projet d'installation, et trouve ses justifications dans l'argument de meilleurs choix aux moindres prix, sans qu'elle soit nécessairement une adhésion aveugle à la société de consommation.

Les achats liées à l'équipement de la maison et de la personne sont, en ce qui les concerne, volontiers ludiques et s'opèrent à l'échelle métropolitaine. Les consommations alimentaires, les petites courses trouveront davantage leur support dans une relative proximité au lieu de résidence. Ici, la représentation du déplacement, la perception de son coût répondent à des logiques qui privilégient soit la dimension temporelle, soit la dimension spatiale, pour assurer, et surtout dans les ménages les moins fortunés, l'achat le plus intéressant.

Le rapport à l'espace de résidence devient ainsi de plus en plus complexe dans le contexte particulier de la périurbanisation : la gestion du domestique est traversée par toutes sortes de tensions non sans rapport avec la montée des désirs individuels. Dès lors, l'installation tant valorisée, initialement centrée sur l'unité de pratique de la cellule familiale, s'engouffre dans le flou des appartenances individuelles, mettant directement en question le rapport au territoire de résidence : la commune. La construction de ces territoires personnels et ses conséquences vont occuper le chapitre qui suit.

Chapitre 3

Territoires et appartenances multipliés

À partir de leur habitation, les familles construisent pour leur consommation des territoires de différentes échelles, faits de lieux qui ne sont pas neutres quant aux perceptions captées, aux identités produites. Lieux de plaisirs et lieux proscrits en disent long sur les représentations, lieux de "corvée" et de dépenses calculées peuvent traduire le poids de la condition sociale.

Nous aborderons maintenant d'autres dimensions de la vie périurbaine en "villa", autrement vécues que ne le sont les besoins élémentaires (se nourrir, se vêtir, s'abriter), d'un caractère souvent volontiers ludique, qui orientent notamment l'habitant vers des préoccupations d'intégration sociale et d'appartenance. Elles interrogent d'une part le territoire que nous avons appelé "péridomestique", et notamment le territoire de la commune de résidence, comme espace d'intégration, lieu d'ancrage ou d'enracinement, et d'autre part des aires plus larges, qui s'apparentent au territoire métropolitain. Elles forment, pour la famille ou les individualités qui la composent, des territoires de référence, dans lesquels on se sent inclus, et tissent des relations particulières avec certains pôles urbains ou paysagers du territoire métropolitain, en particulier les villes d'Aix et de Marseille.

La construction de territoires individuels par la mobilité choisie

Ces différents lieux sont annexés par une mobilité choisie, dont nous rappellerons l'individuation tant mécanique que sociale. En effet, l'évolution de la famille moderne place la personne au centre du projet de vie des individus, dans une relation plus détachée, en tout cas plus libre, relativement aux normes sociales antérieures. Au sein du couple, l'expression des préférences et des aspirations individuelles devient une finalité. La mobilité généralisée, en "osmose" avec ces évolutions sociales, favorise dès lors l'éclatement des territoires des membres de la famille.

Ainsi, les territoires appréhendés par les uns et les autres n'ont pas d'unité. Si la maison est la même pour tous, les territoires, en pratiques et en représentations, sont aussi multiples que le sont les individus apparentés constitutifs du ménage. La mise en carte de ces territoires mouvants, superposés, le fait apparaître. Certes, nous l'avons mesuré, la maison est un pôle important pour chacun de ses membres, et souvent central pour les protagonistes initiaux de l'installation. Elle est sans doute, comme territoire domestique, le territoire primaire, celui qui associe la "villa" et son jardin et les isole comme une bulle, clôturés et défendus[1]. Et, hors ce territoire primaire (installation définitive) ou quasi-secondaire (passage provisoire), et sur bien d'autres aspects de la vie, entre mari et femme, parents et enfants, entre hommes et femmes dans la maison, des écarts importants surgissent dans les lieux qui structurent les territoires pluriels et éclatés, juxtaposés et entrelacés, des différents membres de la famille.

Loin de traduire les rapports de soumission qui structuraient dans le passé la hiérarchie et les attributions des sexes et des âges, ces lieux éclatés et multiples dénotent les centres d'intérêts différents que se sont construits les individus de la société moderne[2]. Recherche d'un épanouissement personnel dans une société hédoniste, mais aussi recherche d'une identité par un "bricolage" de sens : "la société moderne, disent François Dubet et Dino Martucelli, n'est ni une juxtaposition de "tribus", ni une société de masse atomisée et culturellement uniforme. Désormais l'individu est la référence à la fois centrale, éclatée et plurielle... le thème des identités n'est pas autre chose que la rencontre d'une culture de l'individu et d'une structure sociale éclatée ; il peut accentuer cette dispersion, comme il peut la surmonter en 'resocialisant' l'individu"[3].

Ces destinations et ces lieux ne sont pas simplement des "endroits" neutres, de simples espaces géographiques formant successions spatiales, séries temporelles : ils sont des référents spatio-temporels riches de significations : pratiques, paysagères, mémorielles, culturelles, techniques, politiques, selon les cas. En plus de s'inscrire à des échelles spatiales variables, ces lieux incluent donc des dimensions substantielles différenciées, qui, elles-mêmes, se déclinent en échelles d'appréciation

---

1. À l'extrême, d'une manière presque animale, puisque (on nous l'a dit parfois) gardés plus efficacement par des molosses que par des appareils électroniques (cf. Laborit, H. (1971). *L'homme et la ville*. Paris : Flammarion, p. 59 ; Hall, E.T. (1971), *La dimension cachée*. Paris : Le Seuil, p. 59-60).
2. Voir Dubet F., Martucelli D., *op. cit.*
3. *Ibidem.*

étagée (allant du plus négatif – les quartiers Nord de Marseille – au plus positif – Aix et la Sainte-Victoire –), et c'est dans cette mesure qu'elles participent précisément à la construction de sens, pour chaque individu, de ses destinations ou de ses lieux de prédilection.

Les territoires de la famille sont alors l'alchimie complexe des territoires de chacun de ses membres, eux-mêmes composés des destinations obligées (travail, école) et des lieux désirés et possibles. À des pôles extrêmes, on peut ainsi trouver la demande satisfaite et appréciée d'une adolescente de vivre en pension dans la ville de ses études et au contact quotidien de ses camarades, comme les randonnées solitaires en cheval d'un père de famille qui jouira au plus haut point d'avoir emprunté les chemins et sentiers du Lubéron et du massif de la Sainte-Victoire sans avoir jamais croisé les routes et autoroutes qu'il sillonne la semaine entière dans son travail de commercial[4]. Le loisir est ici choisi en fonction d'une affirmation identitaire puisée dans des rêves d'adolescent, et conduit le sujet à se définir lui-même comme "cow-boy" avec ce que cela implique comme pratique d'un autre loisir : le tir.

> *Tout le Lubéron, voilà ! on a le bord de Durance, on a les crêtes qui sont sur Lambesc... tout çà, je peux moi-même, avec mon cheval... je peux naviguer trois jours sans voir une route, et je peux même venir jusqu'à la Sainte-Victoire à cheval, s'il fait beau, je peux venir jusqu'à Fuveau de toute façon, pratiquement que par des chemins...* (M. Jacques, Fuveau)

La société moderne, son fonctionnement spatial, ouvrent des horizons insoupçonnés, multiplient les lieux possibles : les destinations et les trajets révèlent ici des constructions territoriales singulières inattendues.

Les mobilités dépendantes et contraignantes des enfants

Ces destinations choisies dessinent des territoires variables selon les demandes individuelles, qui parfois s'expriment de manière conflictuelle ou tout du moins dans des rapports de dépendance mal supportés. Tel est le cas des destinations choisies par les enfants et sans doute par leurs parents aussi, pour la satisfaction des enfants, mais vécus sur des modes différents. La maison considérée comme le lieu idéal pour l'installation familiale, en

4. La question reste posée de savoir si l'on réunit et réserve pour la notion de territoire les lieux connotés positivement par le sujet, c'est-à-dire ceux qu'il s'approprie délibérément. Ce n'est pas exactement le choix que nous avons fait, en considérant les destinations et occupations contraintes comme éléments de son territoire, en tant que parcours empruntés et pratiqués. La question vaut autant pour le concept de territoire que pour celui de lieu (voir à ce sujet : Augé M. (1992), *Non-lieux*. Paris : Le Seuil).

offrant une appréciable qualité d'espaces intérieurs et extérieurs, se voit dès lors confrontée à la montée des individualités[5] au sein du groupe domestique.

Dans ce contexte, l'installation périurbaine exacerbe certaines tensions au sein des familles, notamment entre parents et enfants et entre parents eux-mêmes. Tout le monde ne trouve pas le même intérêt, au fil du temps, dans cette installation, et la vision idéale du projet initial tend à s'effriter... Ainsi, le repli domestique du week-end, neutralisation du temps ou réel repos, peut être vécu différemment selon qu'il s'agisse de l'homme ou de la femme : l'un trouvera des satisfactions dans le jardinage ou le bricolage que l'autre pourra ne pas partager, et la maison sera ici subie comme un enfermement. Ce repli se voit aussi souvent fortement altéré par les désirs de mobilité des enfants, qui, en grandissant, ont des besoins différents.

Ainsi, le dimanche, qui apparaît comme un jour de repos, fait naître des tiraillements quand les enfants prennent de l'âge, les occupations des parents n'étant plus directement associées aux leurs.

> *Avant on faisait du VTT avec les enfants, maintenant ils suivent moins ! le grand avec ses études... le petit, comme le grand, suit pas ; il préfère aller faire un foot avec ses copains...* (M. Blé , Fuveau)

> *En général on est que tous les deux* [pour se promener], *ils préfèrent se planquer quelque part devant la télé ou ils font de la musique, les sœurs se voient...*(M. Coulomb, Fuveau)

Pour les enfants du périurbain le dimanche est un jour vide : les adolescents n'aspirent pas au repos des parents. Ceux que nous avons interrogés à Fuveau trouvent le village mort, sans animations pour eux, et s'ils apprécient la maison de leur parents, ils n'en approuvent pas la localisation.

> *Moi, le dimanche après midi, je fais quoi? À part aller dans un club, si je suis inscrite, mis à part squatter chez mes amies, j'ai rien à faire d'autre ! je peux rien faire, je suis bloquée à Fuveau, j'ai pas de moyens de me déplacer... c'est dur d'aller voir quelqu'un : c'est pas regroupé, le village est très étendu...*(Mélodie)

> *C'est sûr qu'on s'ennuie un peu sur Fuveau, je préférerais habiter une plus grande ville ou même un autre village : Rousset, Gréasque, Trets... il y a plein de jeunes, alors qu'à Fuveau, les jeunes, ils s'en vont...* (Carole)

> *C'est sûr on se sent en sécurité ici, c'est tranquille... peut-être trop tranquille, il*

5. De Singly, F. (1991), *La famille : l'état des savoirs*. Paris : La Découverte.

manque la pression, le stress... [de la ville] (Mélodie)

Les relations parents/enfants évoluent, plaçant le parent dans la figure du pédagogue professionnel développant "des compétences de plus en plus spécifiques, de moins en moins 'naturelles' "[6]. La société invite père et mère à être de " bons parents " veillant à l'épanouissement de leurs enfants et à leur réussite scolaire, perçue comme un capital. S'ils sont au centre du dispositif d'éducation, les parents sont aussi relayés de plus en plus précocement par d'autres institutions. Mais en regard de cette socialisation qui ne passe plus essentiellement par l'école, les enfants sont, en périurbain et selon l'avis des parents, en situation de contrôle plus affirmé.

L'installation périurbaine satisfait en ce sens un certain nombre de parents qui voient, dans la dépendance automobile de leurs enfants un moyen d'exercer un contrôle social plus étroit sur eux. Les relations des enfants sont de cette manière "mieux" choisies, presque négociées. Elles se passent de maison à maison, finalement de sphère privée à sphère privée, loin des modèles antérieurs fabricant la socialisation des enfants dans et par l'espace public, rue ou pied d'immeuble.

Je ne me reverrais pas vivre en ville avec mes enfants. Mes enfants vivent plus en autarcie, ont des fréquentations qu'on surveille. Ils peuvent accueillir des amis qu'on voit. Ils ne sont pas livrés à eux-mêmes dans la grande ville... (Mme Guérin, Cabriès)

Les parents, initiateurs du projet d'installation, pour partie à l'usage des enfants, projettent sur la maison un style de vie à l'image de leurs désirs de distinction : c'est notamment le cas pour les "colons". La "villa" véhicule ainsi une manière de vivre, un style de vie dont ils se réclament et qu'ils voudraient voir transmis à leurs enfants, l'héritage d'un savoir-vivre prenant en quelque sorte le relais d'une transmission patrimoniale possible, comme processus d'acculturation aux valeurs inscrites dans la modernité d'une maison-monde. À cette représentation de la "villa" d'une "campagne urbaine" purifiée, fondée sur l'opposition aux nuisances classiques de la ville, s'ajoute celle qui l'oppose au lieu de perdition que peut constituer la ville.

Je ne pense pas qu'ils aient été coupés de la ville, bon ! c'est pas des enfants de la ville, c'est pas des enfants qui traînent dans les rues, c'est déjà différent !... S'ils ont envie de faire du shopping à Aix, on les amène... C'est vrai qu'on investit un peu plus dans les transports... Je pense pas que les enfants en souffrent... nous, on en souffre, mais on communique aux enfants ce mode de vie. Ils

6. Dubet F., Martucelli D., *op. cit.*

nous ont jamais reproché d'habiter loin, au contraire ! ils sont peut-être plus isolés, ils consacreront peut-être plus de temps, pour Céline, aux études ; mon fils sera peut-être un peu plus "ordinateur", un peu plus "télévision"...(Mme Guérin, Cabriès)

Conscients cependant des difficultés rencontrées par leurs enfants dans leur autonomie, inscrits dans des logiques consuméristes, les parents projettent sur des espaces extérieurs des occurrences de rencontres. Ainsi, paradoxalement, la maisonnée va chercher, en dehors de la maison, des lieux de retrouvailles entre soi et avec les siens, offrant ainsi un nouveau modèle de consommation de l'espace et des services (pour se retrouver, on "sort")[7], présenté aux enfants comme un véritable mode de vie/art de vivre.

Quand Céline va au Conservatoire, on en profite : on va la chercher le soir ; on fait un " restau " avec elle... (Mme Guérin, Cabriès)

De temps en temps, quand même, on se fait un petit "ciné", un petit "restau" le samedi soir pour essayer de se retrouver un petit peu [en famille]...(M. Blé, Fuveau)

On sort quand même : le samedi soir on va au cinéma à Plan de Campagne, avec les enfants, à la pizzeria de Plan de Campagne... (M. Boucher, Cabriès)

Pour beaucoup pourtant, cette installation soulève des difficultés, notamment par les déplacements imposés aux parents, mais aussi en matière d'équipements sportifs, culturels des communes, qui ne sont pas à la hauteur des attentes ou en rapport avec des projets individuels. Ainsi, si l'investissement dans le capital culturel des enfants est suffisamment fort pour que parfois il entre en conflit avec l'investissement patrimonial[8], il s'oppose aussi souvent à l'engagement professionnel de la femme. Telle mère de famille, contente d'avoir retrouvé un travail, indispensable à son épanouissement personnel, est cependant mal à l'aise, car cette nouvelle situation a entraîné, au désavantage de ses enfants, le renoncement à une partie des activités qu'ils poursuivaient lorsqu'elle était sans emploi.

Les enfants des familles que nous avons visitées ont tous des activités extra-scolaires menées le plus souvent sur la commune de résidence ou sur des communes très proches. Pourtant, suivant les aspirations des parents et des enfants, certaines activités éducatives, culturelles, rendent, à terme, l'installation problématique. Des solutions annexes à la maison sont alors envisagées, telles que foyer, pensionnat... :

---

7. Il s'agit, il est vrai, d'un modèle plus fréquent dans les milieux aisés.
8. Cuturello P. (1997), *Dialogues de propriétaires*. Paris : Plan Construction, Architecture et Habitat.

Nous avons une fille qui est violoniste et qui doit faire deux heures de violon par jour et c'est un peu embêtant de prendre tous les jours le bus d'ici, on y passe un petit temps le matin, un petit temps le soir, alors on l'a mise au foyer en plein centre d'Aix, pas très loin du lycée, elle finit à 17 h 45 et à 18 h elle est au foyer... elle dort au foyer jusqu'au vendredi soir... (Mme Coulomb, Fuveau)

Les enfants de Cabriès trouvent généralement leur bonheur au village, ceux de Puyloubier et de Fuveau peuvent être amenés à se déplacer vers Trets, Rousset, Beaurecueil, Meyreuil, dans un rayon d'une dizaine de kilomètres. Mais les différences de revenus font apparaître, dans les fréquences et les longueurs de trajets, des écarts significatifs. Les enfants, dont les parents ont de plus forts revenus, mèneront ainsi plusieurs activités dans la semaine, à l'image de cette famille où le père est cadre supérieur :

Lui : *Le samedi, on se partage, par exemple pour accompagner un des enfants à la plongée aux Milles... Ma femme fait beaucoup de déplacements locaux, énormément ! pour les cours, les activités scolaires. Les déplacements sont surtout liés aux déplacements des enfants : on a trois fils ; y en a pas un qui fait le même sport entre le mercredi et le samedi, c'est des déplacements permanents. C'est à Cabriès, sauf un fils qui fait de la piscine aux Milles.*
Elle : *Ils font des choses presque tous les jours. À part le petit qui a le karaté, le grand prend des cours particuliers d'anglais, solfège, musique, ping-pong, piscine, plongée... c'est chaque jour de la semaine ; le deuxième fait solfège, piano, anglais et basket... Je cours toute la journée, j'ai quand même pas à me plaindre : c'est eux qui travaillent ! moi, je fais le chauffeur...* (Chef, Cabriès)

En comparaison, les familles plus modestes ne semblent offrir qu'une activité par enfant. Mais leurs choix personnels paraissant être davantage pris en compte, cela conduit à des déplacements plus lointains. La distance est en effet discriminante, et nous retrouvons ces familles plus modestes, dans les destinations lointaines, à côté des familles ayant le plus de revenus.

Ces tiraillements, ces demandes de plus en plus vives, à mesure que l'enfant grandit, imposent donc de nombreux accompagnements en voiture. Ces derniers sont une charge lourde à gérer au sein de la famille, et c'est aussi une tâche dont l'ampleur est toute nouvelle, ou du moins fortement liée à l'évolution des modes de vie. Dans cette maison, sans cesse sollicitée par des mouvements vers l'extérieur, en général une seule personne dans le couple s'occupe de la gestion des déplacements des enfants. Les accompagnements incombent souvent aux mères : celles qui travaillent, même quand elles sont aidées par leur conjoint, en assurent une gestion tendue en tenant compte de leur emploi du temps et des désirs des enfants, vis-à-vis desquels une culpabilité de ne pas être suffisamment disponible est toujours latente.

Pour ces pratiques d'accompagnement, nous retrouvons la figure fameuse de la "maman taxi", pour laquelle, en dehors du sentiment de sacrifice qui peut être ou ne pas être ressenti, la multiplication des déplacements sur la route provoque une tension qui peut être particulièrement aiguë : certaines mères de famille ont pu ainsi, à une certaine époque, parcourir jusqu'à 200 km le mercredi :

> *Pendant plusieurs années, je faisais 200 km dans la journée et je vous assure que les derniers déplacements, parce que ce sont des mini-déplacements : on prend les enfants, on les ramène... et c'est ça qui est très fatigant, tendu, y a des cours qui terminent juste un petit peu en retard, qui prennent du temps sur un autre cours... bref, on est tendu ! bon, moi j'en avais pris mon parti, je m'étais dit : " Je suis chauffeur de taxi le mercredi, point à la ligne ! Mais le fait d'être tendue, c'est ça qui est fatigant, les derniers transports que je pouvais faire, quand je sortais de chez moi, je sentais qu'il était plus que temps que je m'arrête ! Je n'ai jamais provoqué d'accident, Dieu merci ! je touche du bois ! Mais c'est que, à différentes reprises, je m'étais dit heureusement que c'est le dernier voyage de la journée, parce qu'il était plus que temps...* (Mme Coulomb, Fuveau)

En attendant que l'enfant atteigne 18 ans et obtienne son permis de conduire, les parents font l'effort de ces accompagnements, car l'accès aux deux roues est rarement envisagé, jugé trop dangereux :

> *Pour le risque du danger... on préfère attendre tout de suite l'étape de la voiture. On préfère un engin à quatre roues plutôt qu'un cercueil ambulant!* (M. Blé, Fuveau)

Ce rôle du parent transporteur, incombant souvent, en l'occurrence, il faut y insister, aux mères, interroge la manière dont est prise en compte la situation des femmes. En effet ne pas favoriser un droit au déplacement pour les enfants, c'est surcharger la vie quotidienne des femmes, au détriment de leur participation plus active dans la vie sociale.

Les territoires multipliés de la famille

Les cartes de synthèses des destinations et déplacements de chacun des membres de la famille montrent les divers territoires pratiqués par l'ensemble des membres de la famille. Il s'agit de destinations dont les motifs peuvent être différents selon les individus. Le constat s'impose que le territoire de la commune reste le support de nombreuses activités partagées ou non, mais à celui-ci se surajoutent d'autres lieux qui concourent à élargir le territoire de l'unité familiale.

L'entretien des relations familiales

Les histoires individuelles produisent ainsi des territoires souvent complexes. L'expérience individuelle des destinations choisies, qui se composent souvent de lieux issus de trajectoires résidentielles antérieures, nourrit alors un territoire composé de discontinuités, de ruptures, d'appendices apparemment incongrus, qui peuvent s'expliquer pour partie par la permanence de liens familiaux ou amicaux, qui ne sont soumis *a priori* qu'à la référence individuelle. En effet, si les personnes restent en contact avec un lieu d'origine souvent lointain, les mobilités résidentielles de proximité peuvent entraîner pour leur part une permanence dans la fréquentation de lieux connus avant l'installation actuelle. Il ne faut pas négliger le pouvoir des habitudes et des repères identifiants. Il n'est pas rare de voir des personnes conserver leur compte en banque dans une commune voisine, intégrant ainsi leur passé dans un espace quotidien plus large. Cette permanence dans l'entretien de relations avec des lieux fonctionnels, qui pourraient être interchangeables, est significative d'une construction territoriale extensive déjouant les critères d'une installation, au sens large, plus rationnelle, c'est-à-dire plus économe en distance à défaut de l'être en nombre de déplacements.

L'entretien des liens familiaux participe des destinations choisies. Sont alors évoqués les maisons de familles, les lieux d'origine retrouvés à des intervalles plus ou moins réguliers, en fonction de la distance, mais aussi les ascendants, les phratries, que l'on fréquente d'autant plus régulièrement qu'ils sont situés à proximité, et les figures obligées, à géométrie variable, des familles recomposées – un week-end chez papa, une semaine chez maman –. La permanence des liens familiaux avec les parents habitants à Marseille notamment, souvent lieu d'origine familiale pour les "locaux", fait de cette ville une destination d'autant plus fréquente que les solidarités familiales sont fortes. Mais pour le reste, les fréquences et les destinations se dispersent, ce qui illustre, pour les "locaux", le glissement des relations familiales vers l'échelle métropolitaine ou régionale, car l'établissement périurbain est partagé par d'autres membres de la famille, et confirme en même temps la pérennité de ces liens. L'éclatement des lieux est, dans le cas de ces familles, à son comble. Il en est de même des familles recomposées, qui inscrivent dans leur quotidien des lieux de destinations particulièrement éclatés trouvant leur sens dans l'histoire familiale.

Les relations familiales ramènent donc certains périurbains vers Marseille : c'est le cas pour les "locaux", qui, souvent, depuis Marseille, ont alimenté l'extension démographique périurbaine. Cette pratique conservée de visites familiales régulières conduit d'autres ménages vers des communes toutes proches. Certains lieux éloignés de l'origine parentélaire, ainsi que le voyage vers une résidence seconde lointaine, sont aussi convoqués avec une certaine régularité et, par un effet de retour, la permanence des relations fait de la "villa", dans cette région, un lieu d'accueil privilégié pour la famille élargie. Dans la représentation individuelle des lieux jugés importants, les lieux de visite à la famille et aux amis correspondent ainsi à au moins un lieu important de destination. Ces lieux, généralement situés dans une relative proximité, mais quelquefois plus éloignés, contribuent à structurer, par leur situation dans l'espace et leur rythme de fréquentation, les territoires des familles, et souvent leur limite extrême.

Des territoires hypercommunaux

Le territoire de la famille, dont le contour est aussi varié que le sont les configurations familiales, en dépit de positions sociales souvent proches, s'inscrit cependant, avec une certaine régularité, dans une aire outrepassant le territoire communal. Sur la trentaine de familles enquêtées, la presque totalité fréquente la commune en y associant un autre espace. Elles ne sont qu'à peine une dizaine à se limiter uniquement au territoire communal. Pour quelques familles faisant exception, la commune n'est même pas fréquentée par l'ensemble de ses membres et le territoire familial se situe alors plutôt à Aix ou Marseille.

Pour cette majorité de ménages qui pratiquent un territoire au-delà de la localité de résidence, nous retrouvons certaines constantes dans les lieux de destination, variables selon l'implantation résidentielle. Pour les familles de Cabriès, les lieux englobés dans leur territoire sont Aix, Marseille et la Sainte-Victoire. Si Aix et Marseille ont une certaine prégnance pour les familles de Fuveau, et dans une moindre mesure pour celles de Puyloubier, les territoires de l'unité familiale prennent forme dans le semis de villages et de petites villes de la vallée de l'Arc. Le cadre paysager de l'installation périurbaine est perçu comme un avantage pour développer des loisirs liés à la nature (promenades à pied, en vélo). L'accès direct, sans prendre la voiture, est fortement valorisé ainsi que la présence plus éloignée de grands massifs forestiers qui sont l'occasion de promenades en couple ou en famille : Sainte-Baume, Sainte-Victoire, arrière-pays Aixois.

Comme centre urbain, Aix est, et pour presque la moitié des familles, un territoire de référence pour chacun des membres la composant. C'est-à-dire qu'indépendamment de ce qui aura pu motiver le déplacement, les membres de ces familles se retrouvent à Aix régulièrement, alors que Marseille n'est une destination que pour une minorité d'entre elles.

La juste mesure du péridomestique

Même si les familles vont chercher ailleurs des services urbains, des relations sociales choisies, la commune reste le lieu de nombreuses activités pour les individus composant le ménage. Bien sûr ces activités sont rarement effectuées en famille : elles s'accomplissent plutôt au niveau individuel ; elles recouvrent les engagements associatifs, culturels, sportifs ainsi que la pratique de promenades régulières sur la commune. Les lieux d'activités ludiques des adultes, en particulier, apparaissent, pour la moitié d'entre eux, très centrés sur la commune, alors que, nous l'avons vu, ceux des enfants sont au contraire très éclatés. La pratique d'activités à l'extérieur de la commune est rare pour les parents et, là aussi, à quelques exceptions près, nous constatons une préférence pour une certaine proximité.

La part importante de personnes développant des activités reste toutefois à nuancer : elle concerne des "jeunes" retraités ou des couples ayant de grands enfants, et ces familles occupent, dans l'ensemble des ménages que nous avons choisis, une place non négligeable, dès lors qu'un des critères du choix des ménages impliquait un temps minimal d'installation (huit ans).

À la différence de ces ménages, les familles, caractérisées par la présence de jeunes enfants dont il faut s'occuper, et par une bi-activité du couple, sont peu présentes dans la proportion de personnes menant des activités. Pour celui et celle qui travaillent, en effet, les horaires des activités favorisant une meilleure intégration ne correspondent pas aux rythmes de la vie professionnelle. Beaucoup disent ainsi manquer de temps. Or le temps disponible est ce qui fait le plus défaut aux habitants du périurbain. Les efforts consentis pour accéder à la propriété, la charge d'entretien que représente la maison, la gestion du temps hebdomadaire font que peu de personnes conservent une disponibilité pour des activités personnelles et intégratives.

> *Le jour où on sera à la retraite, on envisagera une autre façon de vivre, notre façon de vivre est conditionnée par notre vie professionnelle... nous, on arrive pas à s'intégrer...* (Mme Guérin, Cabriès)

Le village, référent spatial d'intégration

Sans prendre le relief de la figure du "déraciné" de l'École de Chicago, ni jouer un rôle spatialement aussi déterminant dans la redéfinition des aires urbaines[9], les nouveaux périurbains redessinent cependant assez nettement l'écologie territoriale des "campagnes urbaines" entre Aix et Marseille. En effet, qu'ils soient "locaux" ou "colons", leurs comportements se sont juxtaposés à des territorialités déjà existantes, celle des "natifs", des

9. Simmel, G., art. cit.

personnes "de souche". Pour les "locaux" le territoire communal avait encore conservé un certain sens, construit par le partage ou l'héritage d'une mémoire locale forte. Pour les plus récemment installés, en situation de déplacement plutôt que de "déracinement", l'appréhension de ce nouveau territoire est bien plus ambiguë et peut passer par une intégration problématique.

D'une manière générale, nous pouvons dire que tous se retrouvent dans la difficulté de vivre le monde moderne, due à des sentiments d'appartenance multiples, plus ou moins confus, mais de toute façon en rupture avec des modèles de territoire limité. Il en découle des hésitations à s'inscrire dans un territoire communal étroit, et la tendance à le vivre comme un espace de pratiques en continuité avec d'autres. On est ici dans l'illustration parfaite de ce nouveau rapport entre individuation et urbanisation qu'annonçaient Jean Rémy et Liliane Voyé : "Caractérisée comme processus d'intégration de la mobilité dans la vie quotidienne, l'urbanisation va donner toute sa logique à l'individuation, en diminuant le poids des enracinements territoriaux et celui du contrôle écologique dans la dynamique globale. Elle va permettre de faire, du projet individuel, un élément clé de revendication de la vie quotidienne."[10].

Si le sentiment d'appartenance à la commune est rarement exprimé, d'une manière très explicite, il faut sans doute y voir la marque d'attachements identitaires multiples, pour partie fondée sur la pratique concrète des lieux, pour partie sur leur appréhension strictement virtuelle. Ainsi tel habitant se dira Fuvelain, Aixois, de Provence, mais aussi d'Italie de par une expérience professionnelle, et d'Europe grâce à Internet. Si le territoire de la commune n'est plus le seul lieu identitaire de l'individu, il n'en demeure pas moins que son manque de lisibilité est troublant.

L'intégration n'est pas indifférente à l'installation auprès de parents ; elle peut dépendre aussi de l'investissement personnel et donc du temps disponible pour des activités ou des associations de défense d'intérêts à la fois généraux et particuliers, tels que les CIQ (Centre d'intérêts de quartier). Les éléments favorables à l'intégration sont aussi les réseaux liés à la vie scolaire. Pour certains, l'intégration est plus légère, car elle prend un caractère de routine désabusée : une habitante rencontrée se retrouve pour la seconde fois dans la région et, ayant beaucoup déménagé, avoue qu' "[elle] *a pris* [ses] *habitudes, le problème c'est de s'intégrer, à chaque fois, dans la région!"* (Mme Boucher, Cabriès). Elle s'oppose ainsi à son mari qui se dit beaucoup plus mobile. La vie sociale des enfants est d'ailleurs en partie

10. Rémy J., Voyé L., *op. cit.*

conditionnée par l'intégration des parents. Beaucoup d'enfants du périurbain se sentent isolés, leur vie sociale oscille entre le milieu scolaire, les activités et quelques copains. Les enfants dont les parents sont plus proches de la vie villageoise se sentent davantage à l'aise dans ce lieu, le fréquentent, alors que pour d'autres c'est un espace à ne pas fréquenter.

Nous l'avons vu, la commune est le support de nombreuses activités individuelles, qui ont des dimensions intégratives non négligeables, mais qui sont aussi en prise directe avec un épanouissement individuel, une recherche d'identité. À l'image d'une habitante qui a monté une association de danse à Fuveau, pour les autres, mais aussi pour elle-même.

> *Oui, en fait c'est une activité que j'ai ouverte il y a 12 ans maintenant : la section danse, et qui s'est progressivement, en l'espace de 5/6 ans, qui s'est très vite développée et maintenant on arrive à maintenir un bon quota d'élèves : on a plus d'une centaine d'élèves ! Donc, ça prend du temps de s'occuper d'une association qui gère autant de... avec, en plus, un très beau gala en fin d'année, on travaille beaucoup pour faire quelque chose de qualité...*
> *... C'est même plus que çà... cette école de danse de Fuveau, c'est mon bébé, c'est mon bébé, parce que bon ! on l'a démarrée avec peu d'élèves, je m'y suis beaucoup, beaucoup investie les cinq premières années... c'est mon truc !*
> *... C'est une grande satisfaction, c'est une jolie réalisation, c'est quelque chose que j'ai construit dans le village et du coup ça m'intègre au village... d'avoir apporté quelque chose ! J'ai apporté ma pierre... au village, donc je fais partie du village, c'est un peu comme une racine que j'ai... voilà ! parce que je m'y sens..., je m'y sens vraiment chez moi !* (Mme Jacques, Fuveau)

Ces intégrations possibles, voire nombreuses, au vu du développement des associations sur les communes, ne se font pas toujours sans heurt, notamment avec les "natifs" et, de la qualité de ces relations, naîtra le sentiment d'intégration, qui ne passe pas par le reniement de ses origines, de son histoire. Ainsi, une personne peut se sentir parfaitement intégrée, menant des activités diverses, ayant une vie sociale riche et ne pas se sentir vraiment appartenir à la commune. De la même manière, les référents spatio-temporels ne suffisent pas à définir l'appartenance. Tout le monde s'accordera pour trouver du charme au village perché, à certains édifices marquants, qui sont certes des repères importants, mais qui ne suffisent à construire une appartenance. Cela revient à dire que la distanciation par rapport au village, même si, en contrepartie, celui-ci est valorisé, apprécié, traduit le fait que l'appartenance communale n'est pas une fin en soi, qu'elle ne correspond pas à la vie de l'habitant du périurbain.

Dans la société moderne le sentiment d'appartenance passant par des réseaux choisis, se retrouve déterritorialisé : "les groupes sociaux n'ont plus... la base territoriale qui les définissait"[11]. Le lieu d'implantation résidentielle, la plupart du temps choisi par opportunité, recèle une part de hasard dans ce qui sera son environnement social, et même s'il est inscrit dans la logique moderne des relations sociales choisies, il ne peut pas totalement s'en affranchir. Mme Barjavol (Fuveau), issue d'une famille ouvrière, nous dira souffrir de son voisinage qui devient de plus en plus "bourgeois". Elle aurait aimé retrouver un certain sens de la communauté, qu'elle n'arrive pas à établir, car elle ne se sent pas du même monde que ses voisins.

La plupart des familles interrogées n'évoquent pas de problèmes de voisinage, et au contraire certaines solidarités apparaissent à l'occasion des transports des enfants ou d'autres échanges, aboutissant parfois à des territorialités de quartier. Ainsi, si la plupart des familles mentionnent des problèmes d'intégration, il s'agit surtout de conflits entre les nouveaux arrivants et les "natifs" :

> *On est des gens qui bossons pas sur Fuveau, on n'est pas Fuvelains, on a fait construire, donc on est considéré comme des nantis...* (M. Martin, Fuveau)

> *Pas de Puyloubier, moi je dis : j'habite Puyloubier, on est impliqué ! on n'est pas originaire d'ici, c'est clair, mais on est impliqué... on a beaucoup été intégré par l'école, mais on ne se sent pas de Puyloubier !* (M. Faure, Puyloubier)

> *Pour être Fuvelain il faut, je crois, y être né, d'après les vieux Fuvelains, c'est en train d'évoluer... c'est vrai que pour intégrer Fuveau, c'est quand même pas évident, on a senti au départ qu'il y a une communauté de vieux Fuvelains... on sentait que c'était le noyau dur, et puis nous autour...* (M. Blé, Fuveau)

> *C'est presque tous des pièces rapportées !* (M. Boucher, Cabriès, parlant de sa "communauté")

> *Les vrais Fuvelains et les pièces rapportées, et ça se sent : on vous le dit en face !* (Mme Delœil, Fuveau)

En fait, le village, avec ses parties denses et visibles, avec son espace public central plus ou moins fréquenté, avec les services qu'il rend encore, avec son architecture pittoresque de village perché, avec sa population de "natifs", est finalement perçu comme un lieu important pour les périurbains. Il est cité par une majorité de familles parmi les cinq lieux ou destinations les plus significatifs de leur environnement, toutes dénominations

---

11. Roncayolo M., *op. cit.*

confondues, c'est-à-dire aussi bien sous le terme générique de "village" que sous son nom propre ou celui des divers lieux-dits qui le composent. Toutefois, s'il sert de référent socio-spatial aux habitants du périurbain, le village n'est aucunement confondu avec la commune comme entité administrative.

Brouillage de l'identité communale

Face à la valorisation qui affecte le territoire d'installation, on imagine mal que le terme de "cité dortoir" puisse qualifier la commune, bien que le qualificatif, toujours employé de manière négative, traîne comme une menace potentielle dans la tête de certains habitants de Fuveau, qui se désolent de la multiplication des constructions et des projets de ZAC, pour une population employée en dehors de la commune :

> *C'est un village dortoir, de toute façon les gens qui font construire ici, travaillent ailleurs, la vie de Fuveau ne les intéresse pas...* (Mme Martin, Fuveau)

Les habitants de ces communes périurbaines peinent à définir l'endroit où ils vivent. Entre l'image, positivée, du village et celle, stigmatisée, de "cité dortoir", ils sentent des éléments qui les dépassent, et cette définition, donnée de son lieu de vie par l'un d'entre eux : "*un espace privé dans un village*", est à la mesure de leurs difficultés de repérages.

> *C'est pas du tout une ville. Par rapport à nous, moi je vivrais plus dans un espace privé dans un village, mais qui n'est pas un village, comme on peut connaître (ici ce serait un hameau et le village ce serait Cabriès), mais on ne s'intègre pas aux habitants du village. Par exemple mes parents habitent à Château-Gombert[12], c'est un village, ça été un village qui a encore ses traditions, son folklore et puis les gens se connaissent tous... alors on peut dire qu'on vit isolé dans un village...* (Mme Guérin, Cabriès)

Dans un questionnaire passé auprès des habitants de Cabriès[13], seulement 6% des ménages enquêtés associent Cabriès à une " banlieue-dortoir ", 48% à un village et 38% à deux villages (avec le lieu-dit de Calas). Cette tendance forte ne veut pas dire que la proximité des grands centres ne se fait pas ressentir, que le développement de l'urbanisation n'inquiète pas, mais elle traduit cependant une image toujours forte du village même si le vécu du village ne correspond pas à cette représentation. Il existe en effet une

12. Noyau villageois à l'intérieur de Marseille.
13. AUPA/CERTU/CETE (1998), *op. cit.*

représentation nostalgique de l'idée d'un village “à la Pagnol” où tout le monde se connaissait.

> *Je pense que si on va au village de Cabriès, qu'on voit des gens de 70 ans, des gens purs du village... bon, nous, je pense qu'on est des étrangers ! on ne se côtoie pas, on se dira bonjour par politesse, mais on ne s'arrêtera pas pour discuter sur la place du village comme on voit dans les films de Pagnol, ça n'existe plus, ça ...* (Mme Guérin, Cabriès)

> *Maintenant, le piton, c'est mort ! le soir on se retrouvait tous aux marronniers, c'était le village d'avant... S'il y avait un endroit autour des commerces pour stationner, y aurait pas de problèmes, alors qu'à Calas, c'est tellement facile pour se garer, je pense que même les gens de Cabriès vont à Calas (comme, en plus, les gens pour faire 300 m, ils prennent la voiture !)...* (M.Gaudin, Cabriès)

Les habitants du périurbain, pour les plus anciens, ne retrouvent pas la représentation qu'ils ont de la vie sociale villageoise d'autrefois dans un centre-village qu'ils ne fréquentent pas. Entre les regrets du village "à la Pagnol", et la satisfaction d'être à l'écart du contrôle social, ils ont du mal à accepter l'idée de nouveaux lieux de centralités plus accessibles en voiture.

Le village, pour ce qui le concerne, est valorisé pour son aspect esthétique, mais il n'est pratiquement pas fréquenté, surtout chez les plus récemment installés qui revendiquent des opérations d'amélioration de l'habitat (qui ont déjà eu lieu), à l'image d'autres villages alentours, plus touristiques ou plus sélectifs.

> Lui : ... *Si on prend du point de vue village, bon ça fait village un peu fermé, moins que Gréasque ou Saint-Savournin...(si on prend Saint-Savournin, Mimet... tout ça, ça fait encore tourné vers la campagne, donc fermé comme mentalité) ; mais ça fait très village, très clos, on a l'impression qu'il y a toujours les mêmes personnes qui stagnent, qui regardent ce qui se passe, les personnes âgées, quelques jeunes du village qui n'ont rien à faire à part rester sur la place aussi... Il faut dire que si on prend le centre même, c'est pas grand : il y a le cours, la place, quelques voitures et c'est tout ! Moi à Fuveau, bon ! ben j'y vais jamais...*
> Elle : *Ben moi, j'y vais ! oui, j'y vais, je dirais d'un point de vue architectural, c'est la même impression, l'extérieur c'est mignon, c'est le petit village provençal, avec l'Église au sommet qui protège les maisons, et quand on rentre à l'intérieur, on s'aperçoit qu'il y a absolument aucun goût pour mettre en valeur le peu d'architecture intéressante qu'il y a... je vois pas la mise en valeur !*
> Lui : *Il y a peut-être eu des restaurations intérieures de faites, mais ça se voit vraiment pas de dehors...*(Rives, Fuveau)

Les cadres supérieurs souhaiteraient projeter sur la commune où ils sont rattachés des éléments qui sont caractéristiques de villages aux alentours, classés et touristiques. Ainsi certains souhaiteraient que le village de Fuveau ressemble au Castellet, au Beausset ou à certains villages du Lubéron.

> *Je regrette que Cabriès ne change pas... on devrait l'aménager style Ventabren, refaire les ruelles en pavés, mettre un peu plus de commerçants...* (Mme Boucher, Cabriès).

Le souhait de vivre dans un village-musée viendrait donc parfaire leur installation, d'autant que, dans la pratique, les personnes qui soutiennent ces discours font peu usage des équipements villageois, et tendent plutôt à structurer des voisinages communautaires, fondés sur une cohabitation dans la "résidence" ou le "domaine" de standing, et l'appartenance à un milieu aisé dont les éléments visibles du "train de vie" outrepasse l'espace résidentiel.

> Lui : *On a le point dur qui est plutôt sur Calas et qui est lié à la connaissance des gens que nous avions il y a une dizaine d'années, pour certains... avec lesquels on n'a jamais perdu le contact et on en a établi de nouvelles* [relations] *ici sur Cabriès par... un peu le jeu des rencontres... et tous les voisins de la périphérie, on les connaît tous, on se reçoit tous d'une façon extrêmement ponctuelle. On n'est pas tous les jours les uns chez les autres, mais il y a à ce jour une communauté parfaite de cette maison jusqu'à celle au-dessus !*
> Elle : *On fait des apéritifs en fin de journée, le week-end, parce que tout le monde bricole, il y a une entraide de prêt de matériel, ou des sorties loisirs...*
> Lui : *Par exemple je pars demain avec deux voisins : on va faire de la plongée...*
> *... Ah oui ! quand on est là, c'est pratiquement journalier en termes de contact, on est amis avec certains, mais vraiment je pense qu'on développera des relations graduelles et puis d'autres avec lesquels c'est de l'excellent voisinage, y a le moindre pépin, on m'emprunte la remorque ; s'il a pas d'attelage, je lui prête la voiture...* (Boucher, Cabriès)

Cette perception floue de l'identité communale ne l'est cependant pas tout à fait dès qu'il s'agit de revendiquer des droits. L'un des décalages les plus significatifs se situe dans le contraste entre l'échelle géographique très étendue des pratiques (travail, école, loisirs, services...) et l'échelle restreinte de perception des responsabilités politiques à la source des difficultés des périurbains à accomplir ces pratiques. La municipalité est souvent la seule adresse politique véritablement invoquée, généralement dénoncée pour toutes les absences qui rendent impossible une liaison satisfaisante de la maison au centre de la commune, à ses équipements, mais aussi à d'autres services hors commune (transports en commun, équipements, infrastructures routières...). Ce décalage montre aussi le déphasage entre la réalité des territoires pratiqués et celles des territoires administrés[14].

Les habitants revendiquent des droits, parce qu'un permis de construire leur a été délivré, et qu'ils ont payé cher un terrain de 4 000 m2. Ils se sentent d'autant plus floués que les impôts fonciers ne cessent d'augmenter, alors qu'ils ont contribué à ces augmentations en s'installant à l'écart des parties denses, déjà équipées. La perception de devoirs collectifs s'estompe au profits d'intérêts privés. L'un d'entre eux ira jusqu'à trouver anormal l'équipement de Cabriès, alors qu'il jouit d'une piscine et d'un tennis dans son lotissement !

> Elle : *Y a un petit peu de non-sens, c'est mal équilibré au niveau de la gestion, il faudrait un rééquilibrage de certaines dépenses !*
> Lui : *Ramassage des ordures ménagères, y a tout à dire !*
> Elle : *On est obligé de descendre toutes nos poubelles au bas du chemin...*
> Lui : *Et on paye 1800 F par an de ramassage ! On espère fortement que cette gestion municipale sera sanctionnée aux prochaines élections et on s'y emploiera activement...* (Blé, Fuveau)

> Lui : *On est des gens qui bossons pas sur Fuveau, on n'est pas des Fuvelains, on a fait construire, on est considéré comme des nantis... j'ai l'impression que pour ça on est un petit peu quantité négligeable, on est juste là pour amener la manne : taxe d'habitation et impôt foncier, c'est un peu le sentiment que j'ai parce que moi, les retombées que l'on est en droit d'attendre, on n'en a aucune, aucune ! parce que moi, franchement, je me demande pourquoi je paye la taxe d'habitation. Si ! vous allez dire... ma gosse est au collège !*
> *... Voyez le chemin qui est bétonné, c'est nous qui l'avons fait avec les voisins, mais on a payé... eux là, ils ont eu droit ! ils se sont fait un beau chemin et la mairie a contribué... mais parce que c'est le CIQ ! la contribution, ils se la payent pour faire du propre pour leurs petits travaux à eux !* (Martin, Fuveau)

Le brouillage de l'identité communale, ou plutôt d'une identité dans laquelle les nouveaux arrivants ne se retrouvent pas, n'exclut donc pas encore, finalement, sa relative lisibilité citoyenne, largement liée à son épaisseur historique et à son caractère de monopole du local[15].

Les "hauts lieux" comme territoires de références

Les questions d'intégration et d'appartenance interpellent aussi d'autres lieux de référence, qui sont d'autres marqueurs identifiant l'espace résidentiel, plus prestigieux que la simple figure du village. Les propos

---

14. Ascher F., *op. cit.*
15 . Bourdin, A. (2001), *La question locale*. Paris : PUF.

tenus par les sujets interrogés font apparaître une représentation des territoires où l'on pense tout d'abord percevoir des stéréotypes, mais une analyse plus approfondie montre que cette représentation est loin d'être nourrie seulement par des images convenues. Elle est largement entretenue par les qualités paysagères de l'environnement ou de certains sites, mises à l'épreuve d'une expérience vécue ou d'un regard personnel. Positive ou négative, positive et négative, elle recense des espaces qui peuvent être pratiqués et appropriés, mais aussi des espaces non pratiqués, qui forme simplement un environnement paysager. Elle en institue une série d'éléments en territoires-paysages de référence des nouvelles "campagnes urbaines".

Parmi ces paysages de référence, Aix-en-Provence et sa campagne offrent ainsi une image positive, auquel on se sent appartenir. Cette image positive d'Aix est présente chez les cadres supérieurs, mais aussi chez les anciens Marseillais, qui, une fois installés sur place, ont rompu avec Marseille, pour se tourner vers Aix-en-Provence[16]. Pour les cadres supérieurs, le fait de s'installer dans la campagne aixoise participe d'une insertion valorisante, dans un territoire de référence, les "alentours d'Aix".

Cette représentation personnelle peut contenir des arrangements, des décalages présentant des écarts sensibles avec la référence administrative du "Pays d'Aix", dénomination officielle de la communauté de communes formée autour d'Aix. Cabriès, dans cette perspective, peut ainsi être associé à Aix et, dans la vision de l'étalement urbain, la commune est alors intégrée dans le système urbain aixois, en contradiction avec un rattachement institutionnel à Marseille Provence Métropole remis en cause:

> *C'est que Aix et Cabriès, vous êtes dans la même philosophie, ça fait un peu ville de province, y a des arbres, des rues piétonnes, des bâtiments anciens, donc on retrouve quelque chose qui me paraît assez équivalent, je parle du centre ville d'Aix... les constructions enjolivent un peu les choses parce qu'il y a moins de trous, ça commence à se relier, mais toujours avec des espaces notables...* (M. Boucher, Cabriès)

L'environnement naturel préfigurant l'installation est, en regard de l'implantation de la maison, et indépendamment du projet de maison lui-même, un élément contextuel du terrain qui en augmente la perception positive, et donc la valeur. Le massif de la Sainte-Victoire est à cet égard un des éléments naturels les plus marquants pour les personnes résidant à

16. Pratiques confirmées par l'étude de l'AUPA (*op. cit.*) à Cabriès.

Fuveau et à Puyloubier. La vue sur la Sainte-Victoire est recherchée ; elle est, comme référence à un "haut lieu", un "plus" pour l'installation.

On voit la Sainte-Victoire, ce qui me marque, moi, c'est quand j'arrive ou quand je pars... c'est la vue sur la Sainte-Victoire ! je ne m'en lasse pas, c'est rare quand je pars que je ne la regarde pas... (M. Martin, Fuveau)

L'association traditionnelle entre Aix et la Sainte-Victoire, considérée *a priori* comme "légitime", provoque quelques frictions, au niveau de la gestion du massif, pour les personnes résidant à Puyloubier (une partie de la Sainte-Victoire fait partie du territoire communal). Dans la représentation populaire qu'a amplifiée le thème récurrent de ce paysage dans le travail pictural de Cézanne, figure célèbrissime de la cité, le massif est inexorablement assimilé à Aix. Mais aussi, plus directement, l'association à la ville d'Aix est également médiatisée, dans la représentation locale, par des initiatives telles que les actions de reforestations après l'incendie de 1989, trace encore vivante d'un événement vécu dans le pays comme une tragédie. La commune de Puyloubier, ses habitants ont le sentiment de se trouver dépossédés d'un bien qui leur appartient en partie. La commune a ainsi obtenu, pour bien marquer sa propre "légitimité", l'appellation de Puyloubier- Sainte-Victoire.

Les lieux dont le motif de fréquentation est ludique occupent eux aussi une place importante : là encore la moitié des personnes interrogées indiquent, parmi les cinq lieux demandés, au moins une destination à caractère ludique. La mer est citée de nombreuses fois, principalement les Calanques et la côte varoise. Il s'agit d'espaces pratiqués, à la différence du massif de la Sainte-Victoire, davantage mentionné pour sa silhouette, comme élément remarquable du paysage, que pour sa pratique, cependant effective pour certains.

À l'inverse de ces images positives, Gardanne et Marseille continuent d'alimenter une représentation plutôt négative, bien que, pour ces deux villes, cette image soit en train de changer. Ainsi plusieurs des jeunes de Fuveau interrogés déjouent la carte scolaire et sont davantage attirés par Aix. Pour ces jeunes, la grande ville est un lieu attractif, qu'il s'agisse d'Aix ou de Marseille. Le village est au contraire souvent perçu de manière négative. Il est vrai que les équipements pour ce public sont peu nombreux, notamment à Fuveau, et si Cabriès se révèle être particulièrement bien équipé au niveau des équipements sportifs, certaines attentes, notamment culturelles, n'y sont pas satisfaites.

L'installation périurbaine, par la mobilité généralisée et individualisée favorise l'éclatement des territoires des membres de la famille, en écho aux aspirations individuelles qui s'y affirment. Elle s'accorde ainsi à l'évolution de la société et de la famille en particulier. Cependant les personnes, non autonomes dans leur mobilité (et dans notre recherche, il s'agit de celles qui multiplient les accompagnements d'enfants), sont en situation de complète dépendance. L'installation à la campagne, dont le bien-être des enfants a été l'un des motifs essentiels de l'acquisition pavillonnaire, correspond mal aux différents stades de développement des enfants. De fait, la satisfaction de leurs besoins passe par un parent transporteur, qui, dès qu'il a du temps libéré, se chargera de ce rôle, au détriment d'autres activités ou implications. Pourtant, ce temps disponible, qui fait bien souvent défaut, participe à l'intégration individuelle au sein de la société locale. Les activités ludiques inscrites dans des routines continuent à s'opérer bien souvent au lieu de résidence, ce qui n'exclut pas cependant des échelles plus larges pour des temps moins contraints.

L'intégration au lieu de résidence, rarement fusionnelle, mais plutôt positive que négative, n'équivaut pas au sentiment d'appartenance. Les appartenances territoriales construites sont en effet d'autant plus démultipliées que les parcours familiaux se déclinent en destinations personnelles très variées et dans le cadre d'un environnement bien plus large. Ce dernier fournit des référents pratiques et symboliques divers, en termes de contenus et d'échelles, où peuvent s'entremêler l'intensité d'une activité associative ou culturelle, et la délectation de paysages mineurs (le village provençal, la colline boisée) et/ou majeurs (la Sainte-Victoire).

Conclusion

Nous voici donc au terme de cette exploration des territoires de la maison en périurbain. Nous y avons retrouvé les vertus connues de la maison, ces "bonnes raisons" de l'idéal / idéologie pavillonnaire qu'avaient révélées en leur temps les auteurs de "l'habitat pavillonnaire"[1]. L'habitant de la maison trouve dans cette forme résidentielle une maîtrise de son "chez soi".

L'habitation en elle-même est un vrai lieu de "repos", et ce n'est pas tant qu'on y reste inactif, à l'abri des bruits de la ville encombrée ; on y déploie au contraire une liberté, qui à défaut du repos du corps, favorise le repos de la conscience, dans un lieu "bien à soi", hors des contraintes de voisinages que l'on n'a pas choisis, à l'abri d'un règlement locatif qui bride les envies d'appropriation, seulement soumis, pour les moins fortunés, à la lointaine, mais réelle menace d'être dessaisi de son bien pour cause d'endettement. Ce lieu véritable a d'autant plus de force, que certains ont eu l'expérience de ce "non-lieu"[2] qu'est le grand ensemble.

La maison a une capacité d'adaptation que l'appartement tolère difficilement, même lorsqu'on en est propriétaire. Au gré de son cycle de vie, l'habitant peut transformer la distribution intérieure de son espace, lui ajouter des pièces complémentaires, le prolonger par des locaux semi-ouverts qui forment transition avec le jardin, comme les vérandas et les serres, établir à l'écart le *pool-house* qui a tellement de succès dans le midi. La maison a cette possibilité de vivre comme vit la famille, et cette possibilité satisfait le désir d'ancrage qui s'accentue souvent, à la mesure de l'engagement que l'on a produit à transformer, à "moderniser" cette maison, sans pour cela contraindre à la fixation celui qui, après le départ des enfants et en prévention d'une entrée dans le vieillissement, pense à une habitation moins grande et plus proche des services qu'offre encore en plus grande densité la ville.

---

1. Raymond, H. et M.-G., Haumont A. et N., *op. cit.*
2. Augé M., *op. cit.*

Autant, sinon plus que la maison elle-même, le jardin est le lieu d'une appropriation active, quasi passionnée que le succès des magazines spécialisés et les émissions de télévision ne font que confirmer. Il agrandit la maison pour recevoir amis et famille et il joue un rôle important dans l'élevage des enfants, dans la fonction essentielle que remplissent les activités motrices dans leur formation physique, comme espace extérieur placé sous une surveillance directe que le mieux situé des appartements ne permet guère.

Rêve accompli du couple, la maison est donc aussi pensée par ce dernier comme lieu d'épanouissement privilégié des enfants. Le jardin n'est pas sans y occuper, à côté de la chambre personnelle de l'enfant, une place majeure dans cette stratégie de reproduction : il fait du jeu de plein air le complément indispensable de la réussite scolaire, à l'image de la cour de récréation qui ponctue les efforts de l'écolier. Sous cet angle et en regard d'un âge d'accession qui intervient souvent après la naissance des premiers enfants, le jardin aura focalisé l'attention des parents, donnant à ce moment décisif, souvent insuffisamment mis en perspective avec les étapes ultérieures de la vie de l'enfant (scolarisation, adolescence...), un poids décisif dans la décision d'accéder.

La fusion dans la nature, ou dans ce semblant de nature que constitue le jardin, est une autre différence qui ravive ce contraste entre le logement urbain et le pavillon isolé au milieu de sa parcelle. Les espaces non construits de la parcelle, ce "tour" de maison plus ou moins généreux, qui, nous l'avons vu, ne garantissent en rien l'intimité familiale, en particulier dans les lotissements, conduisent à une densité plus tolérable qu'en quartier d'habitat collectif, et répondent littéralement à l'attente de ce "cadre de vie", sorte de barrière sanitaire, qui met à distance, comme le passe-partout du tableau isole l'œuvre de son cadre, l'objet-maison de son voisinage.

Enfin, la maison favorise aussi, par cette libre disposition que l'on a de ses murs et de ses espaces, une construction identitaire qui s'exprime tant dans les aménagements et réaménagements intérieurs de la maison, que dans cette apparence extérieure qui, en une époque où l'ascension sociale compte encore pour beaucoup, donne les clés de repérage de sa position dans la société. Elle passe aussi, comme l'a si bien démontré Bourdieu par la mise en avant, en évidence, de ces "signes extérieurs de richesse", de ces stratégies distinctives, même chez les modestes "inspirés de la maison standard" que Jean-Luc Massot avait redécouverts à Miramas[3].

---

3. Massot, J.-L. (1979). *Les inspirés de la maison standard.* Paris : Pandora.

Par cette action l'acquisition se transforme en patrimoine et l'on trouve à cet endroit un motif récurrent de l'accession, situant l'économie domestique entre gestion optimale des dépenses d'habitation, en contrepoint d'une aversion pour l'argent "jeté par les fenêtres" de la location, et stratégie de reproduction familiale, intégrant à la fois la meilleure éducation des enfants offerte par les qualités de la villa et la construction d'un capital immobilier matérialisé et transmissible, à la différence des loyers partis en fumée.

Dans cette optique, la maison a rempli des fonctions qui tendent à consolider l'institution familiale et parachève en quelque sorte le déroulement d'un processus que l'instauration puis la domination de la famille bourgeoise comme modèle avait engagé au XIXe siècle. La construction d'un patrimoine matériel y participe de manière importante, mais les conditions d'une ascension sociale construite sur la base d'une instruction réussie tend à supplanter la référence à l'héritage patrimonial, et explique les efforts tendant à offrir à l'enfant le cadre optimal d'accompagnement de sa formation scolaire.

Creuset de l'épanouissement familial, hors de l'influence trop directe de la société, témoin d'un retrait de nombreuses activités autrefois déployées hors de l'intimité domestique, la maison s'est pourtant brusquement ouverte au monde, et tout particulièrement avec la télévision. Ce processus est curieusement paradoxal : il traduit à la fois la privatisation d'activités informationnelles autrefois assurées par l'espace public, tel que le café, et en même temps la pénétration de l'espace public dans la sphère privée, déstabilisant la référence d'autorité que symbolisait la parole du père. On peut parler à ce propos d'une interpénétration de la ville et de la maison dans la mesure où l'espace public, au sens politico-sociologique que lui donne Habermas[4], a fait son entrée dans la maison, et, depuis, la technologie interactive d'Internet, permettant de créer des espaces de "dialogue" (et d'espionnage) autrement plus performants que ce qu'autorisait le téléphone.

Ce dernier a pourtant participé à l'établissement de cet immense réseau de mise en relations virtuelles entre des lieux dissociés que la seule possibilité de contact par le déplacement des personnes dissuadait de trop éloigner. Si la réduction des temps de déplacement par la vitesse accrue des engins automobiles a permis de dissocier lieu de travail et lieu de résidence, si elle a rendu plus acceptable l'éclatement géographique de familles, par ailleurs saisies par un mouvement d'autonomisation de leurs entités nucléaires et individuelles, le téléphone a encore facilité la dispersion

4. Voir aussi F. Dubet et D. Martucelli, *op. cit.*, qui consacrent un long passage à la place de la télévision : ils contestent l'interprétation qui en fait un *medium* totalement aliénant.

spatiale des habitations en leur garantissant un lien immédiat avec les proches, avec la société, avec la ville et ses services.

C'est manifestement à partir de ce moment historique marquant l'évolution de la société fordiste et caractérisé par la démocratisation de l'automobile et du téléphone que s'accentue la périurbanisation. La maison, présentée comme une figure ancestrale, symbole de la stabilité familiale, se métamorphose en fait profondément, sous l'effet de l'intégration de ces réseaux cachés dans les murs ou intégrés dans les "gaines techniques". Ces derniers alimentent et distribuent énergie et information dans l'univers de la maison comme si rien n'avait changé dans la maison, suite de pièces où l'on s'efforce de cacher cette tuyauterie moderne, de transformer le poste de télévision en meuble, ou de le mettre dans un meuble. On imagine difficilement la maison à l'exemple du Centre Pompidou dont les architectes ont montré a l'envi toutes les "tripes". Son câblage doit se soumettre à la permanence de son apparence symbolique de lieu d'ancrage et de stabilité, implanté en repli solitaire dans une nature à peine anthropisée, pensée comme l'antidote d'une promiscuité urbaine destructrice.

En réalité la maison du périurbain entretient l'illusion d'une coupure du monde alors que se densifient les réseaux de surfaces, comme les réseaux souterrains et aériens : la "villa", en particulier celle qui est apparemment la plus isolée dans les "campagnes urbaines" qu'elle façonne, produit une ville "arachnide", fortement étalée, qui n'a rien à voir avec la structure des hameaux et des fermes isolées qui ont pu caractériser certains régions rurales des époques passées : ces établissements, certes, ne vivaient pas en vase clos, mais reposaient sur une économie domestique largement autarcique. Cette ville "arachnide", qui ne peut fonctionner qu'en réseau et qu'en relation avec des pôles de travail et de services, tend à supplanter la ville ancienne fondée sur les mitoyennetés des entités domestiques. Ces mitoyennetés économisaient par contrainte le sol compté d'une ville fermée, limitée dans son occupation du territoire, en même temps qu'elles engendraient avec la rue un espace public complexe dont Henri Lefebvre a montré la richesse.

Parce qu'elle est inscrite dans un réseau dense qui ne se donne pas entièrement à voir, pour la raison que cette tuyauterie a le double désavantage de rappeler le lien que l'on veut trancher avec la société et la ville, et de déflorer le mythe d'une nature vierge dans laquelle on a voulu s'isoler, la "villa" des "campagnes urbaines" alimente sa pulsation quotidienne de pérégrinations et de destinations nombreuses qui expriment le caractère profondément urbain et moderne du style de vie qui caractérise les habitants de la villa. C'est tout particulièrement à la découverte de ces territoires, à leur étendue, à leurs rythmes, à leurs régularités spatio-temporelles, que notre recherche s'est intéressée.

Les nouveaux "territoires de la maison" ont l'ampleur que permettent les performances additionnées et combinées des déplacements plus rapides et plus confortables, et des télécommunications immédiates qui permettent de se dispenser de trop nombreux déplacements. Des territoires virtuels s'ajoutent aux territoires réels et gagnent en concrétude, en désir d'être voyagés, mis en réserves de projets d'évasions lointaines, directement inscrits dans une imagination d'autant plus proche du réel visible que la virtualité des images de la télévision donnent une représentation plus exacte de ces territoires lointains : elle efface aussi leurs dangers, et d'autres pans de leur réalité sensible qui les rendraient plus pénibles au corps et en effaceraient l'idéalisation virtuelle (la beauté visuelle du désert, sa pénibilité pour le corps). Il est nécessaire d'avoir en arrière-plan ces transformations mentales, ces évolutions de la production imaginaire pour penser les territoires réellement parcourus au quotidien, et l'entremêlement de leur perception avec celle des territoires réels virtuellement appréhendés, voire celle des territoires entièrement virtuels que produit la fiction, en particulier cinématographique, comme alternative aux mythes et contes des sociétés du passé.

Les territoires réels parcourus à partir de la maison construisent, en ce qui les concerne, une territorialité nouvelle, qui n'est pas sans intégrer la dimension virtuelle dont nous avons parlé plus haut. La maison y occupe une place essentielle, donnant sens à une existence qui, en situation locative, donne au contraire une assise plus fragile à la résidence et tend à disperser les bases de cette existence et l'identité qu'on lui superpose dans des centres d'intérêts plus divers et moins spatialisés. Par nécessité articulée au travail, car ce dernier en conditionne à la fois la réalisation et la localisation extrême, la maison est au cœur d'un système de lieux et de parcours qui s'étiolent sur une aire dont l'étendue est à la mesure d'une accessibilité déterminée par les performances du réseau routier et autoroutier, la vitesse qu'il autorise et les encombrements qu'il présente.

On constate, par un travail minutieux de report cartographique de la description par les sujets familiaux de leurs destinations et de leurs pérégrinations, le caractère à la fois général, en même temps que chaque fois particulier de cet étoilement territorial. Si les branches en présentent des longueurs souvent équivalentes en distances spatiales et en fréquences temporelles, les directions en sont en effet chaque fois singulières, tout à la fois guidées par l'originalité des configurations familiales, pourtant largement puisées dans le vivier apparemment homogène des catégories moyennes, et l'emplacement prédéfini des pôles de destination, réseau de villes ou de pôles d'activités commerciales ou industrielles.

Cette territorialité de la maison est un complexe de territoires dont l'individualité est à la mesure de l'individuation qui marque la famille contemporaine. Elle peut aussi être analysée selon une double dimension, en présentant conjointement la marque d'un ancrage local et d'une dispersion métropolitaine. L'ancrage local, péridomestique, définit le territoire familial, ce qui lui donne sa cohérence et son unité : la référence d'un territoire de proximité multimodal, dont l'accessibilité permet au moins le recours aux cycles, motorisés ou non : la plupart du temps, il correspond à la commune avec ce point d'identification que constitue le village ancien, sinon vécu, du moins fortement mentalisé comme repère valorisant et identifiant, avec ou non une intégration à la vie communale, en regard de laquelle les enfants jouent un rôle essentiel.

À cette dimension essentielle qui élargit le domaine résidentiel que forme la villa et son terrain et, dans certains cas, le domaine du lotissement, s'articule une dimension métropolitaine, bien plus appréhendée dans les pratiques ordinaires qu'érigée en territorialité d'appartenance par l'habitant du périurbain. Somme de destinations contraintes et choisies, selon des rythmes d'une grande variété (quotidiens pour le travail et la scolarité, hebdomadaires, voire bimensuels pour l'approvisionnement...), ces parcours et les représentations qu'ils archivent dans la mémoire et les réflexes des habitants du périurbain produisent une familiarisation effective avec un territoire maintes fois traversé, dont les moindres tours et détours, avantages et désavantages en termes de flux et bouchons de circulation, finissent par constituer une connaissance épaisse, quelquefois trop limitée aux réseaux et peu disponibles à la découverte des multiples niches de "campagnes urbaines" comparables à celles que vivent la plupart de ces périurbains.

C'est dans cette dimension que sont vécues le plus fortement les tensions qu'a fait naître progressivement l'installation périurbaine. Certes la villa elle-même, son entretien, la générosité de son espace, devenue moins nécessaire avec le départ des enfants, l'immensité fréquente de son jardin, sans rapport avec un engagement physique qui se réduit avec l'âge, et appelle alors une maintenance externe onéreuse, constituent autant d'invitation à la recherche d'une forme résidentielle moins contraignante ; mais c'est compter sans l'attachement sentimental, notamment chez les familles les plus modestes, qui s'est amplifié avec l'accumulation de la peine dépensée dans ces travaux. À cette liste s'ajoutent les problèmes d'insécurité qui guettent le pavillon, tant en terme d'incendie que de vol, et l'opportunité non saisie de déplacements lointains ou de visites familiales.

Ces inconvénients prennent le devant de la scène sur la fin du cycle de vie et peuvent conduire à la vente de la maison, sous la réserve importante mentionnée plus haut.

Mais, plus avant dans le cycle de vie, les parents ont été confrontés au décalage mal anticipé entre leur installation périurbaine, fortement déterminée par les bénéfices du jardin pour des enfants en bas-âge et la présence communale de l'école primaire, et la sous-estimation des contraintes de la scolarisation ultérieure. La question de l'accessibilité au collège s'affirme dès lors avec une grande acuité, mettant en relief l'insuffisance des transports collectifs à l'échelle intercommunale et les contraintes d'horaires, auxquels sont confrontés les adolescents résidant en périurbain. Elles concerneront tant le lever, excessivement matinal, que les attentes dues à la faible fréquence des passages, eux-mêmes étirés dans le temps du fait de la dispersion grandissante de l'habitat. L'inconfort de déplacement vécu par les enfants est alors corrigé par le dévouement des mères qui s'engagent dans des accompagnements rarement compensés par des formules de co-voiturage, car là encore une organisation plus collective des déplacements augmente un temps de circulation que l'on compte au plus serré.

Quoi qu'il en soit, ces pratiques métropolitaines de parcours, tant pour le travail, l'accompagnement au collège, l'approvisionnement et les loisirs, en général principalement automobiles, engendrent, pour reprendre la distinction établie par Marx à propos de la conscience de classe, une "appartenance en soi" à l'aire métropolitaine aixo-marseillaise que l'on peut opposer à l'"appartenance pour soi", qui à défaut d'un territoire plus lisible, se réfère, à partir de l'environnement proche de la maison, soit au lotissement, soit de manière plus fréquente au village perché qui identifie le territoire communal. L'appartenance pour soi trouve des relais explicites dans le caractère partagé de ce territoire où se dit, pour la totalité de l'entité familiale, à l'adresse des autres, une localisation résidentielle où sont pratiquées des activités sportives, culturelles et associative, où apparaît, avec encore suffisamment de lisibilité, l'interlocution citoyenne. Et, à ce titre, on revendique auprès de la municipalité, en dépit d'une responsabilité qui en incombe au syndicat intercommunal ou au département, l'amélioration de nombreux services qui ne sont pas ou plus de son ressort.

La viabilisation des chemins privés qui desservent les maisons les plus retirées participe aussi de ces revendications, plaçant les maires en délicatesse avec le laxisme de leurs autorisations de construire, dans le marécage réglementaire des zones NB, dites de "campagne", où le renforcement des infrastructures n'est pas prévu, et l'urbanisation, pour cette raison, théoriquement limitée. C'est là que se construit ce que nous avons appelé les "nouvelles campagnes urbaines". Les périurbains installent des villas sur des parcelles directement issues d'un découpage foncier résultant des pratiques agricoles et de leur transmission patrimoniale. Leur superficie excède souvent la surface exigée par la réglementation urbanistique, dont la taille importante (4 000 ou 10 000 m2) a été illusoirement déterminée pour "limiter" l'urbanisation. Leur desserte est assurée par des servitudes de passage ancestrales initialement destinées aux charrettes et tardivement inscrites dans les actes de ventes.

La pression foncière, l'offre insuffisante des lotissements, leur médiocrité et leur mauvaise réputation a jeté en pâture, aux accédants relativement fortunés, ces friches rurales dont certains agriculteurs, ou spéculateurs ayant acquis leurs terrains, guettaient ou encourageaient, dans les tractations communales, la mise en urbanisation résidentielle. Aux campagnes rurales modelées selon les exigences de l'exploitation agricole et les contraintes de site, tant par le découpage parcellaire que par l'emplacement des bâtiments, s'est substituée sans transition une dispersion pavillonnaire qui entre en contradiction avec le principe de limitation de constructibilité : au lieu de décourager l'urbanisation, la réglementation des "zones de campagne" a favorisé le gaspillage des terrains, préparé l'incohérence et la longueur dispendieuse des dessertes et des réseaux, ainsi qu'une détérioration des paysages dont se plaignent eux-mêmes les périurbains : ils ont produit ces "campagnes urbaines", mais ne supportent plus la moindre construction dans leur proche environnement. L'étalement urbain trouve ici sa dérive extrême.

Car les habitants du périurbain ne se contentent plus de leur seule maison et du vaste terrain qui l'entoure ; ils s'annexent aussi le paysage qui l'environne, sensiblement à l'écart du noyau villageois qui leur donne repère dans l'horizon visible du paysage et les inscrit plus largement dans les silhouettes connues, voire prestigieuses des montagnes et des collines de Provence (La Sainte-Victoire de Cézanne, le Garlaban de Pagnol, le Pilon du Roy...), "hauts lieux" entrevus depuis l'habitation ou le détour des routes vers le travail, l'approvisionnement ou les loisirs. Au croisement d'une sensibilisation réveillée à la protection de la nature et d'un intérêt culturel relancé pour la peinture des paysages, dont Cézanne est l'un des maîtres et dont l'exposition "La Méditerranée de Courbet à Matisse"[5] donne l'illustration la plus récente, une appropriation forte des grands paysages vient s'ajouter à l'ancienne culture de la maison, restreinte à ses avantages patrimoniaux et aux plaisirs conjugués de la maison, du jardin et de la

5. Du 21/09/00 au 15/01/01, Grand Palais, Paris.

piscine privée des plus aisés. L'artialisation des paysages vient fixer en mémoire l'interprétation poétique d'une campagne du temps de l'impressionnisme triomphant qui réveille chez les classes moyennes établies en périurbain la nostalgie d'une campagne aujourd'hui menacée.

Un vague sentiment d'agression gagne ces périurbains : il ne vient pas seulement des autres implantations de maisons, des nouveaux lotissements, voire, pire, des programmes de petits collectifs qu'acceptent du bout des lèvres les communes, mais aussi du renforcement des infrastructures que la marche de la société multiplie, depuis le TGV Sud-est jusqu'au zones d'activités nouvelles. Un phantasme de menace pèse non seulement sur la qualité des paysages au cœur desquels on s'est établi il y a dix ans ou plus, mais aussi sur cette "tranquillité", en réalité cet "isolement délibéré" qui faisait préférer à certains les terrains en zones de "campagne", en dépit des difficultés de leur équipement et de leur accessibilité.

Aujourd'hui cette "tranquillité" menacée est souvent assortie de pancartes menaçantes, prévenant aimablement de la férocité gardienne des méchants chiens, indifféremment dressés contre le paisible passant et le redoutable cambrioleur, ou du grand danger que représentent les pièges cachés pour des visiteurs trop curieux. Alors que l'éveil culturel pour la nature et pour le paysage les institue en choses d'intérêt public, valant autant pour la population qui a choisi d'en faire son cadre de vie que pour celle des villes (comme en témoigne le développement des loisirs de randonnées, celui des modestes promenades en famille publiées par des éditeurs locaux, et même les initiatives du Conseil général des Bouches-du-Rhône, visant à baliser un certain nombre de sentiers), l'annexion des "campagnes urbaines" par les propriétés isolées se traduit parfois par des mesures de lutte contre l'insécurité peu propices à la promenade des urbains (chiens en liberté, barrières illégales...).

Cette mise à l'écart de la ville dense, nécessairement orientée vers une sélectivité de plus en plus grande des accédants, à mesure que les prix des terrains grimpent, cependant que l'offre des terrains diminue, et les ouvertures à l'urbanisation des POS révisés s'épuisent, n'a pas été sans effet sur l'équilibre socio-spatial de la ville. Des signes progressifs de ségrégation, inégaux selon les communes, sont aisément observables et accompagnent chez ces nouveaux périurbains le rejet *a priori* de programmes qui concernent des populations plus modestes. Une hiérarchie s'établit ainsi entre des formes d'installation périurbaine qui place comme établissement "idéal" celui qui isole la villa sur un hectare pour partie niché dans un bois, puis le lotissement de standing, et au plus bas de l'échelle le lotissement à parcelles d'à peine 500 m2.

Si raison urbanistique il y a, comme meilleure maîtrise d'un espace résidentiel qui a tendu à se spécifier comme tel, à l'écart de plus en plus affirmé des services et des réseaux ouvrant l'accès à des fonctions nécessitant une économie d'échelle optimale (tels que les équipements hospitaliers), force est de constater que la dispersion des habitations comme leur séparation fonctionnelle absolue ont aggravé le gaspillage de l'espace, compromis la qualité des paysages et favorisé, sans la mettre à la hauteur de ce qu'il aurait fallu qu'il soit, l'extension d'un réseau routier par ailleurs de plus en plus saturé et dangereux.

En réalité l'urbanisme a perdu de vue, dans un contexte d'interrelations croissant engendré par l'"urbanisation des mœurs", c'est-à-dire l'apparition d'échanges de plus en plus nombreux aux plans marchand et relationnel, matériel et culturel, mais aussi selon des modalités de plus en plus banalisées, la relation étroite qu'il y avait lieu de penser entre la maison et la société. L'isolement spatial de la maison est un leurre que contredit sa dépendance par réseaux terrestres, aériens et souterrains interposés, plus ou moins cachés, mais qu'a encouragé l'image d'une ville ancienne dense envahie par l'automobile, et que n'ont pu freiner les lotissements, compte tenu de leur fréquente mauvaise qualité, leur incapacité à satisfaire les exigences de paysage et d'intimité.

En fait jamais l'habitation n'a sans doute été plus liée qu'aujourd'hui à la ville, nébuleuse parsemée de noyaux tendant à la polycentralisation (Aix, Marseille, et les autres...) et on ne parviendra à faire de la maison individuelle non seulement une bonne solution résidentielle, mais aussi une bonne solution d'urbanisme qu'à la condition de bien penser cette forme particulière d'habitation comme habitat, au sens où l'a entendu Marcel Mauss dès 1905[6], en intégrant dans cette notion non seulement le logement, mais ce que Le Corbusier a appelé ses "prolongements" : les voies et les équipements, ce qu'on appelle plus volontiers aujourd'hui les réseaux et les services.

---

6. Mauss, M., art. cit.

Cartes des territoires de 6 familles.

Conception des auteurs
Réalisation Sandra Thomann

Légende des lieux de destination

- Lieu de résidence
- Lieu de Travail
- Lieu d'enseignement
- Achats alimentaires grandes sufaces
- Achats alimentaires petits commerces
- Marchés locaux
- Achats équipements de la maison /personne
- Activités ludiques/ associatives
- Destination /famille
- Destination/ami
- Lieu de culte

Légende des modes et fréquences des déplacements

LEGENDE / FREQUENCE DES DEPLACEMENTS EN VOITURE

- Déplacements quotidiens
- Déplacements fréquents
- Déplacements occasionnels

AUTRES MODES DE DEPLACEMENTS

- Déplacements accompagnés
- Déplacements en car
- Déplacements en deux roues

Commune de Cabriès / Famille Chef

Nb de personnes : 5 *Nb de véhicules : 2* *Type habitat : maison en lotissement de standing*
Niveau de revenus : 400 000 F/an
L'homme est cadre supérieur dans une entreprise aux Milles. La femme, au foyer, multiplie les mini-trajets pour les activités extra-scolaires quasi-quotidiennes des enfants.

LIEUX DE TRAVAIL / DEPLACEMENTS

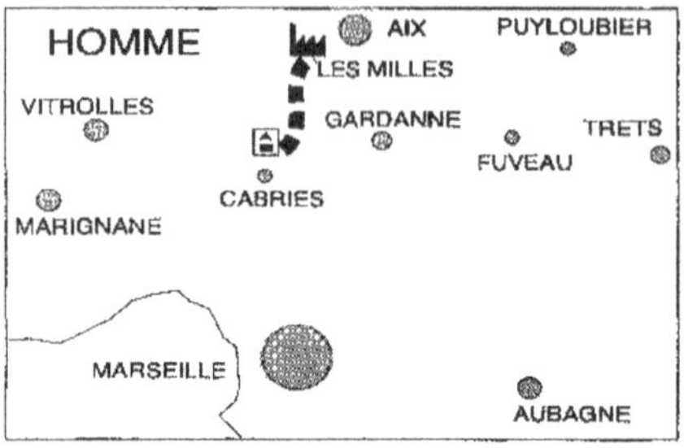

LIEUX DE SERVICES / DEPLACEMENTS

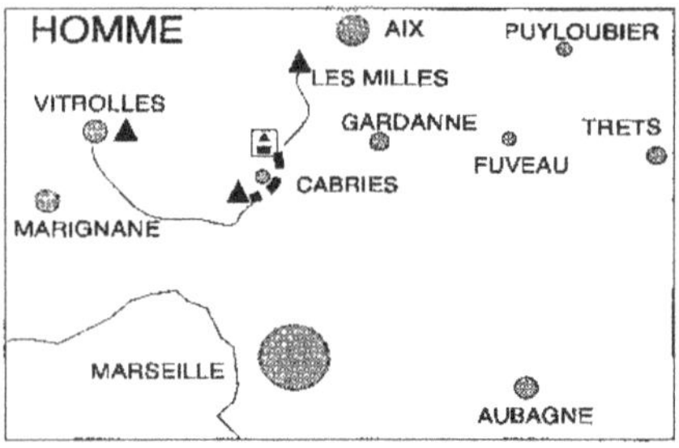

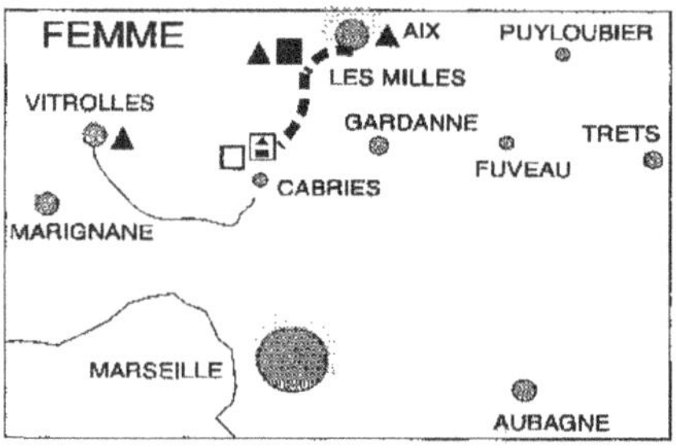

LIEUX / DEPLACEMENTS "CONTRAINTS"

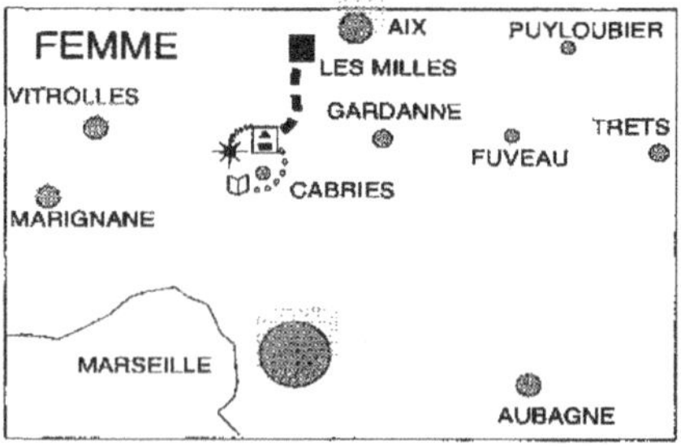

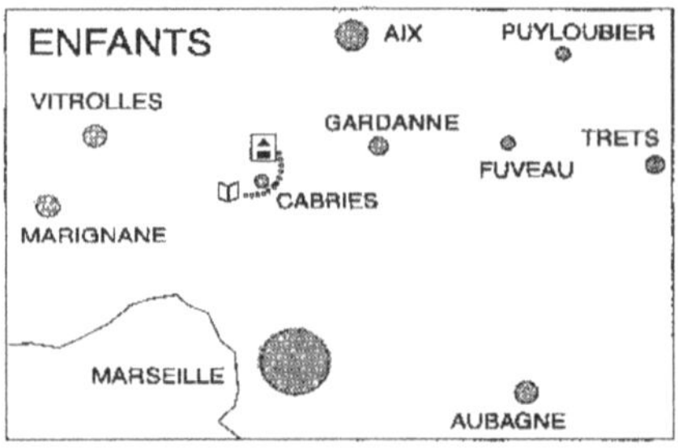

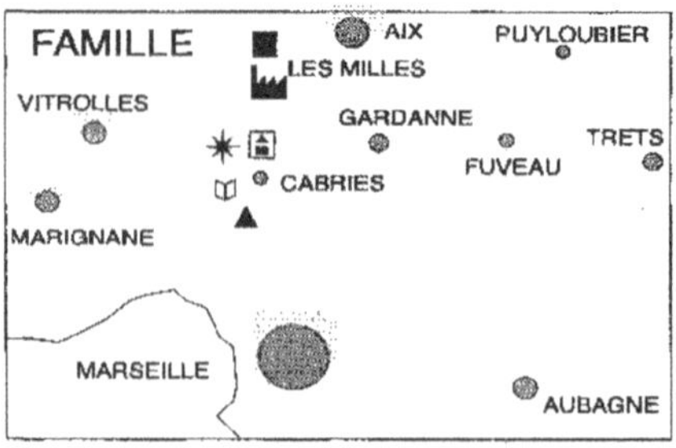

LIEUX / DEPLACEMENTS "CHOISIS"

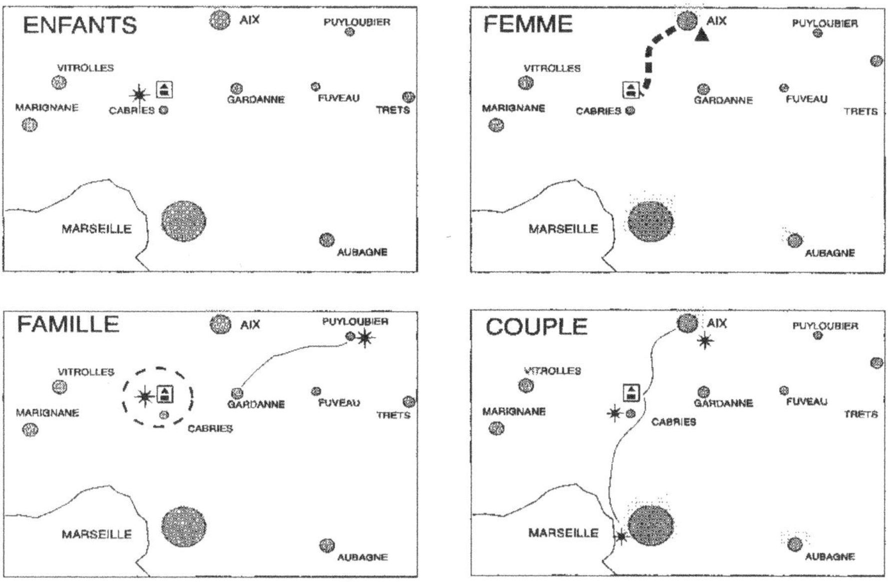

TERRITOIRES DES MEMBRES DE LA FAMILLE

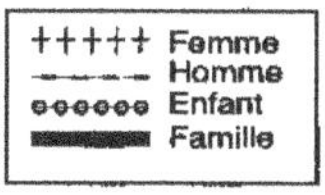

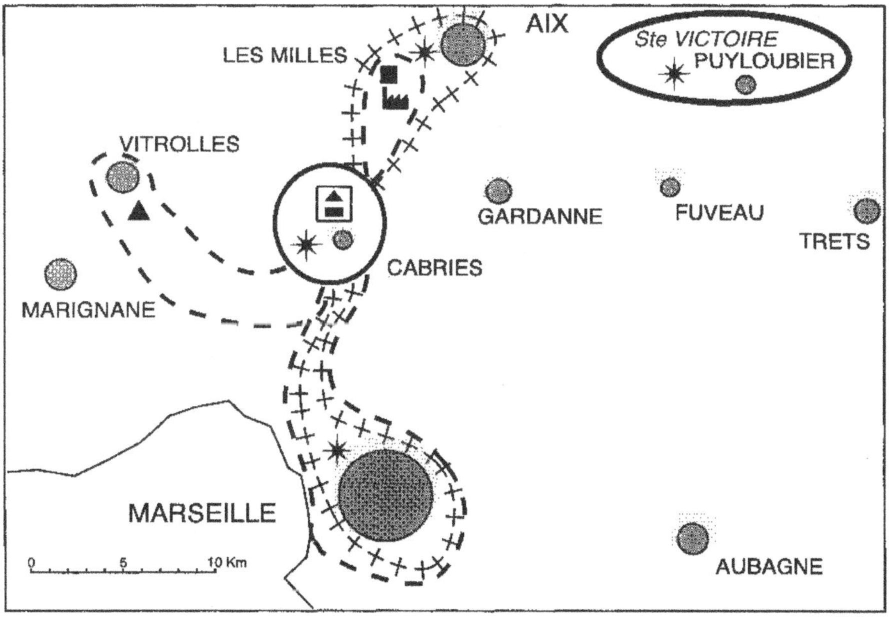

Commune de Cabriès / Famille Garabian

Nb de personnes : 4 *Nb de véhicules : 2* *Type habitat : maison sur terrain de 12 000 m2 (vocation agricole)*
Niveau de revenus : 370 000 F/an
L'homme est à la retraite. La femme est infirmière libérale sur la commune.

LIEUX DE TRAVAIL / DEPLACEMENTS

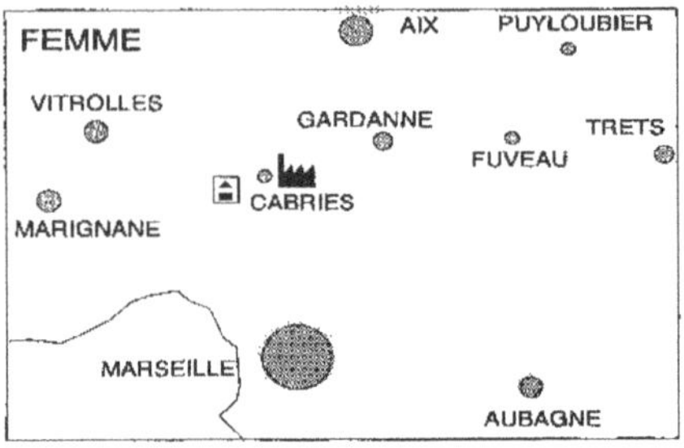

LIEUX DE SERVICES / DEPLACEMENTS

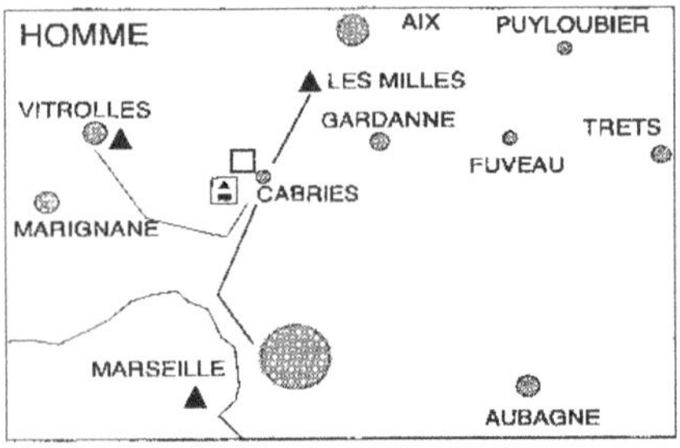

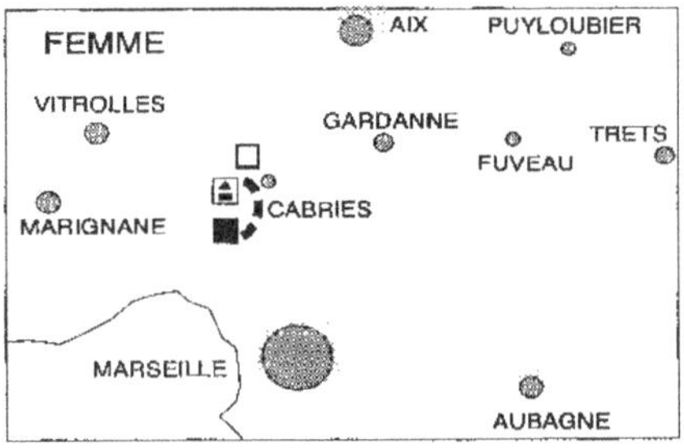

LIEUX / DEPLACEMENTS "CONTRAINTS"

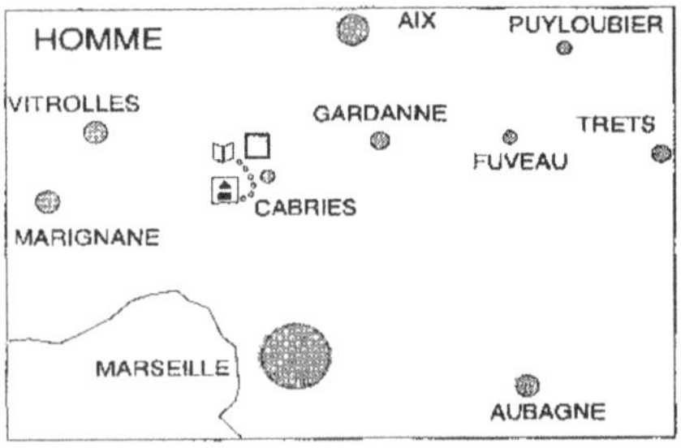

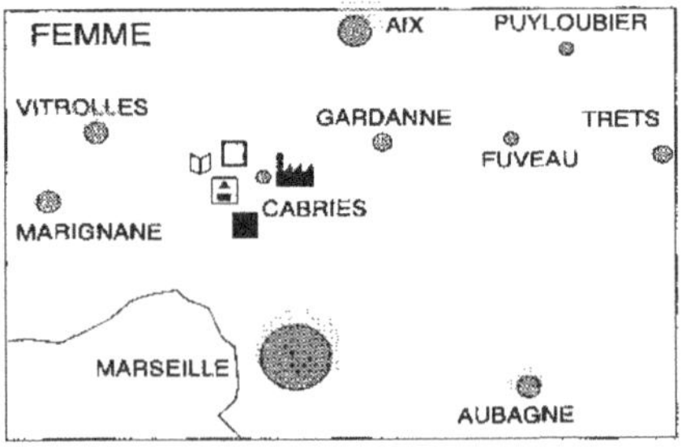

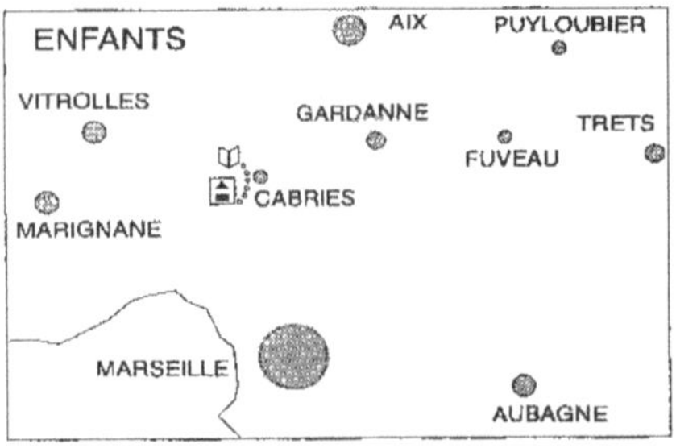

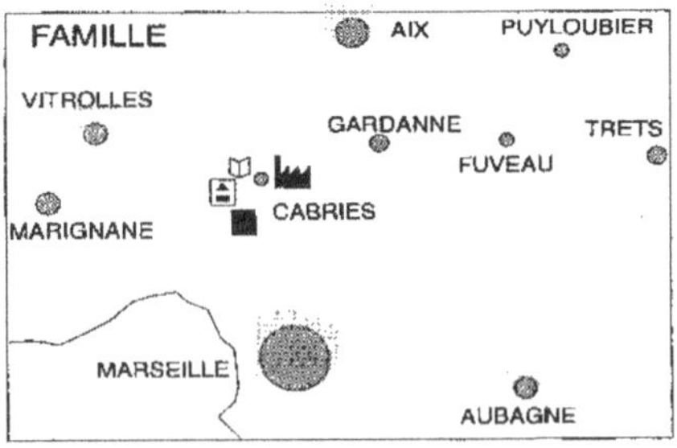

LIEUX / DEPLACEMENTS "CHOISIS"

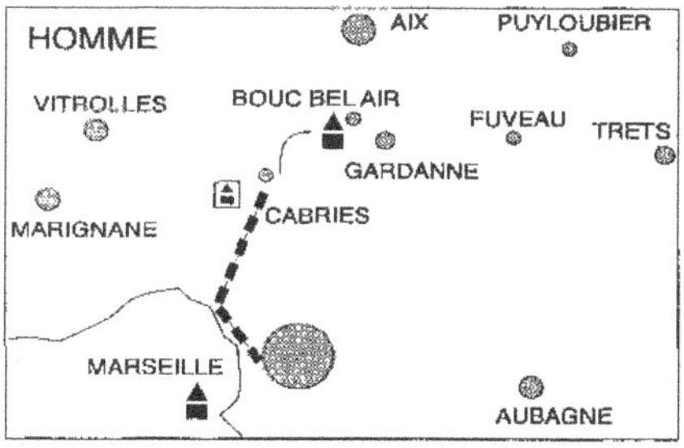

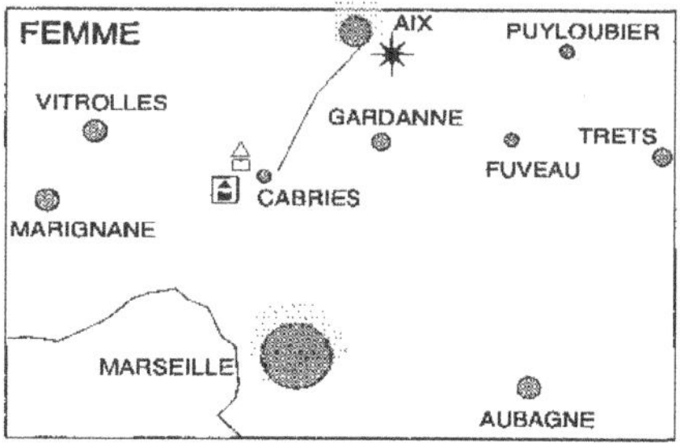

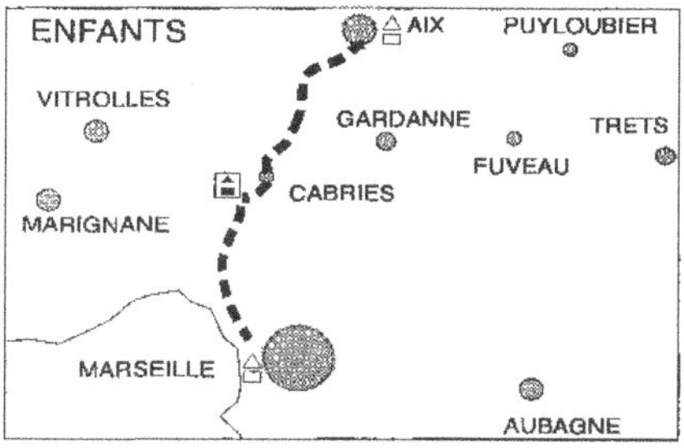

TERRITOIRES DES MEMBRES DE LA FAMILLE

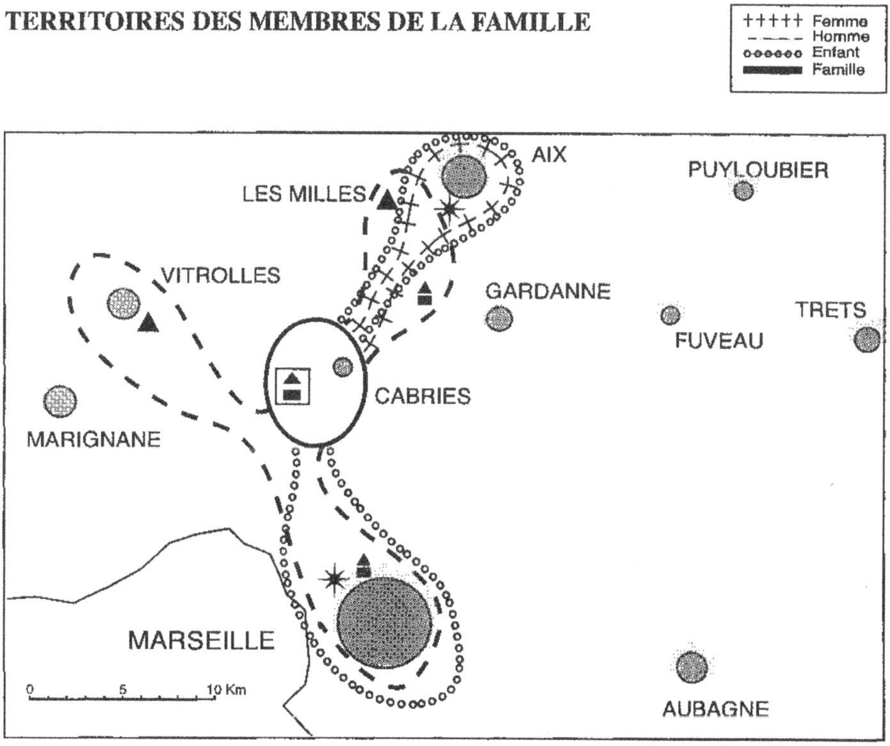

Commune de Fuveau/ Famille Blé

Nb de personnes : 4 Nb de véhicules : 2 Type habitat : maison de standing proche centre sur 2000 m2 de terrain
Niveau de revenus : non renseigné
L'homme, cadre supérieur, travaille à Aix et se déplace souvent en avion vers l'étranger. La femme, enseignante, travaille à Vitrolles et à Luynes. Elle mène une activité sportive à Vitrolles.

LIEUX DE TRAVAIL / DEPLACEMENTS

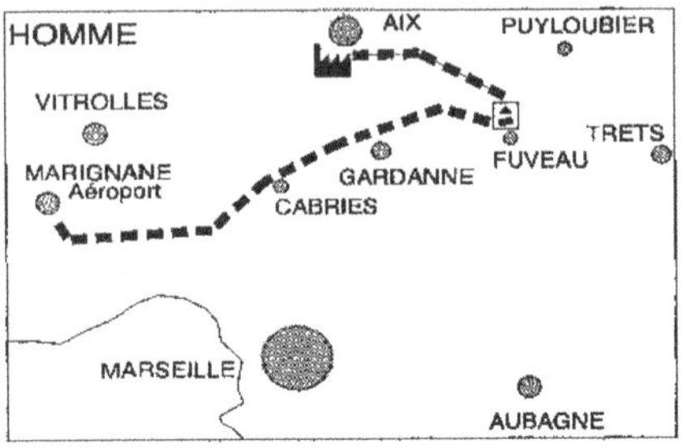

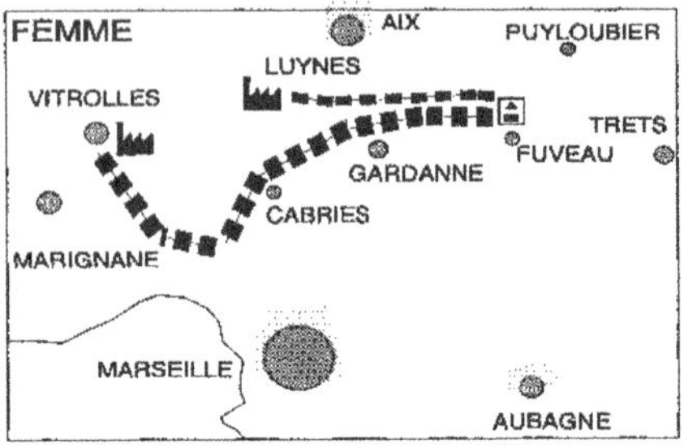

LIEUX DE SERVICES / DEPLACEMENTS

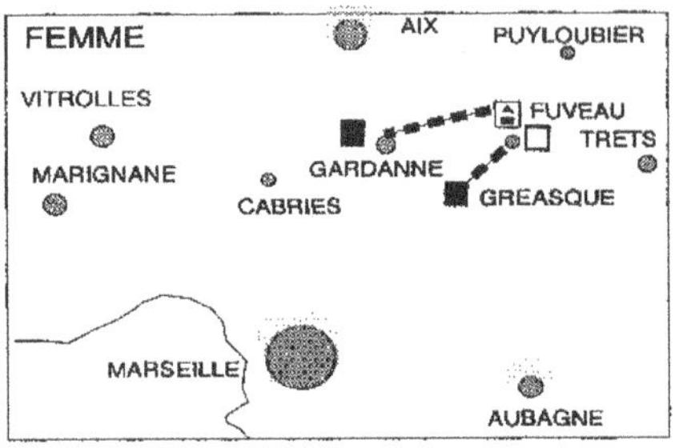

LIEUX / DEPLACEMENTS "CONTRAINTS"

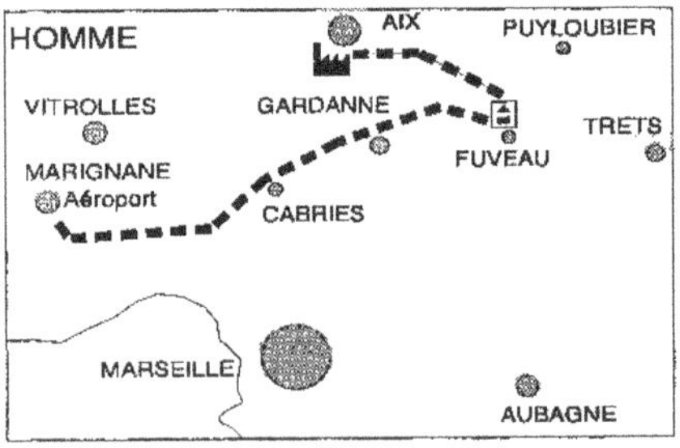

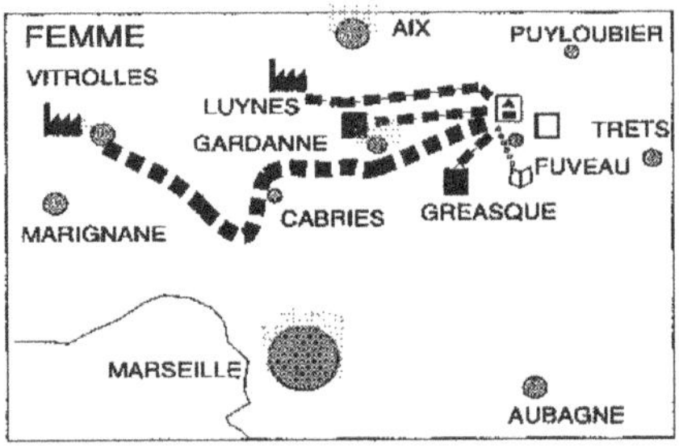

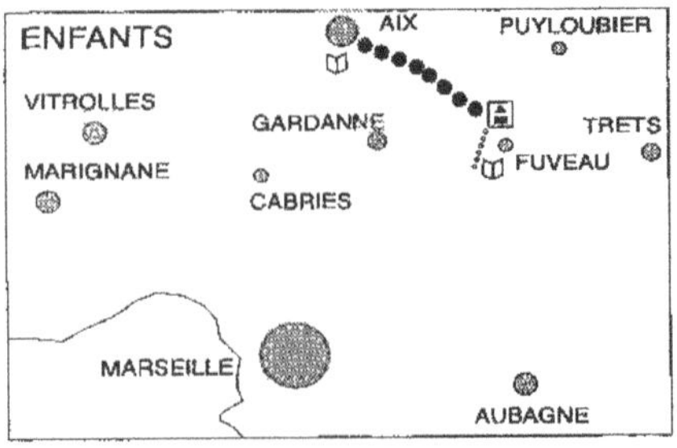

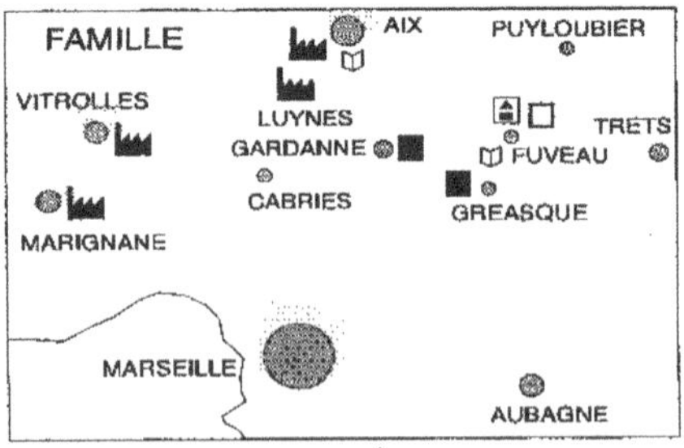

LIEUX / DEPLACEMENTS "CHOISIS"

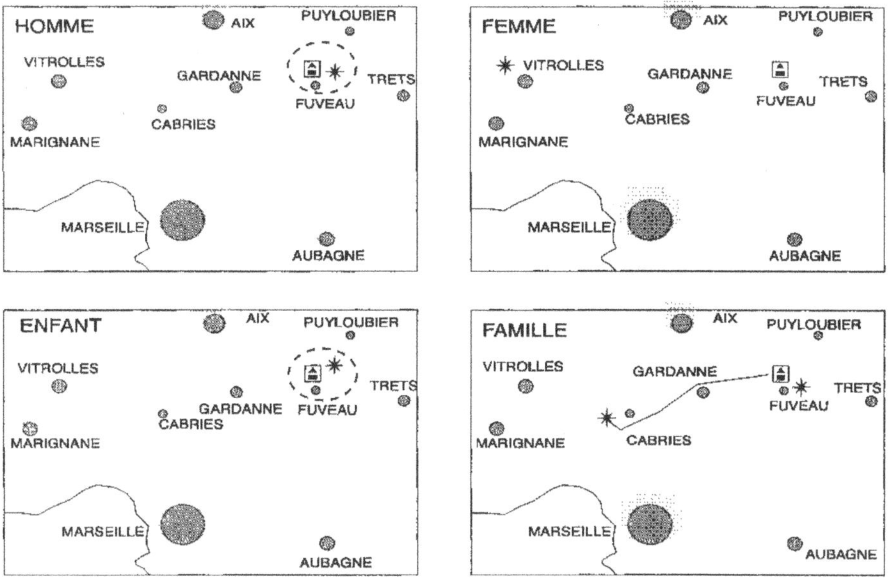

TERRITOIRES DES MEMBRES DE LA FAMILLE

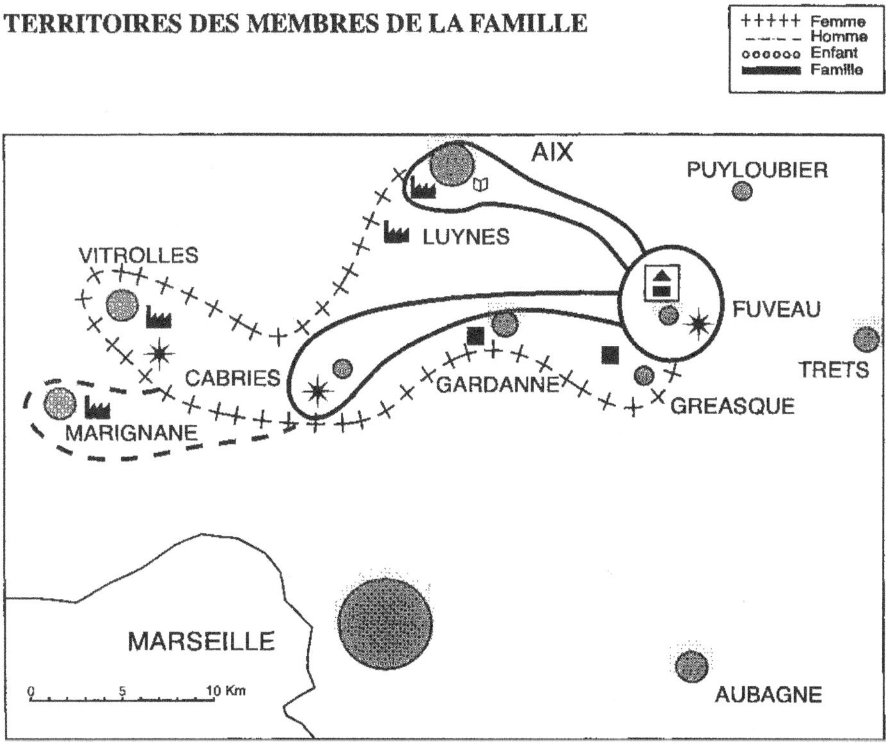

Commune de Fuveau / Famille Cid

Nb de personnes : 5 Nb de véhicules : 2 + 2 boosters Type habitat : maison proche du centre sur 500 m2 de terrain
Niveau de revenus : non renseigné
L'homme est employé du service public à Marseille. La femme, employée à la crèche de Fuveau est déléguée syndicale et se déplace dans la région Provence Alpes Côte d'Azur.

LIEUX DE TRAVAIL / DEPLACEMENTS

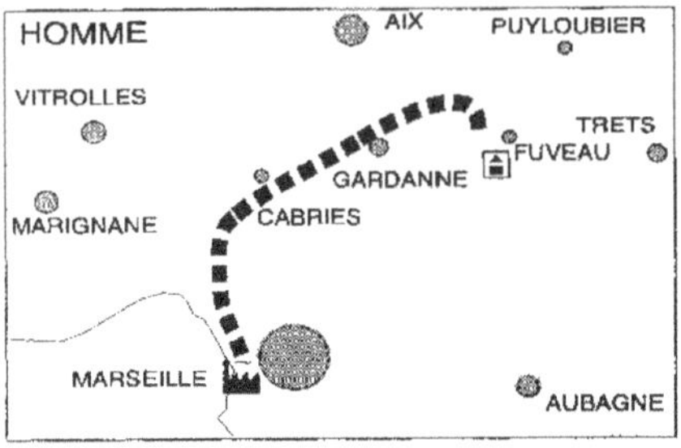

LIEUX DE SERVICES / DEPLACEMENTS

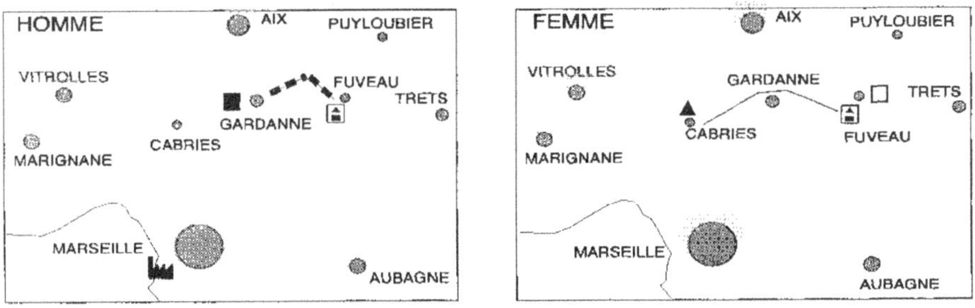

LIEUX / DEPLACEMENTS "CONTRAINTS"

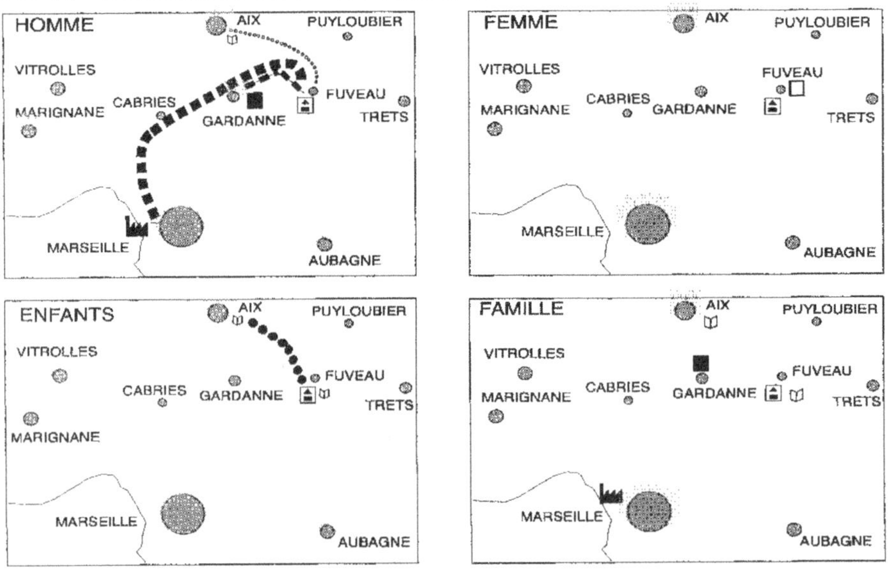

LIEUX / DEPLACEMENTS "CHOISIS"

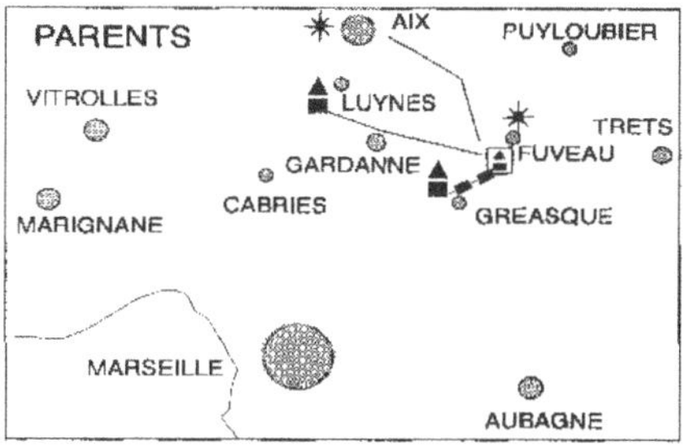

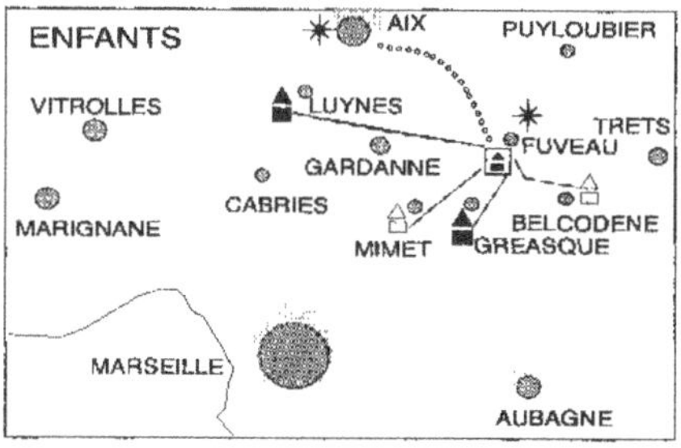

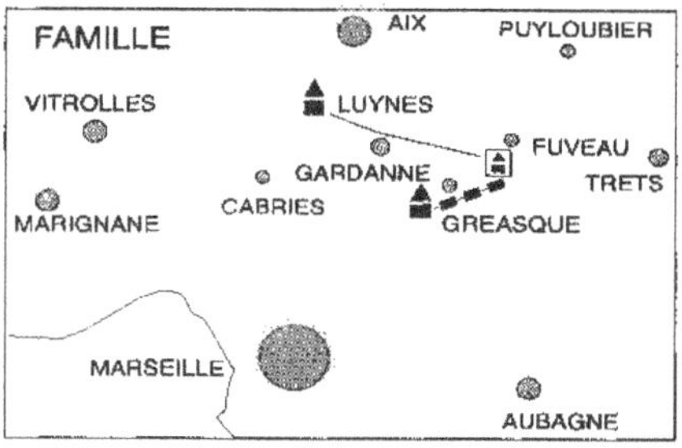

TERRITOIRES DES MEMBRES DE LA FAMILLE

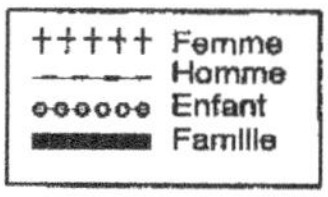

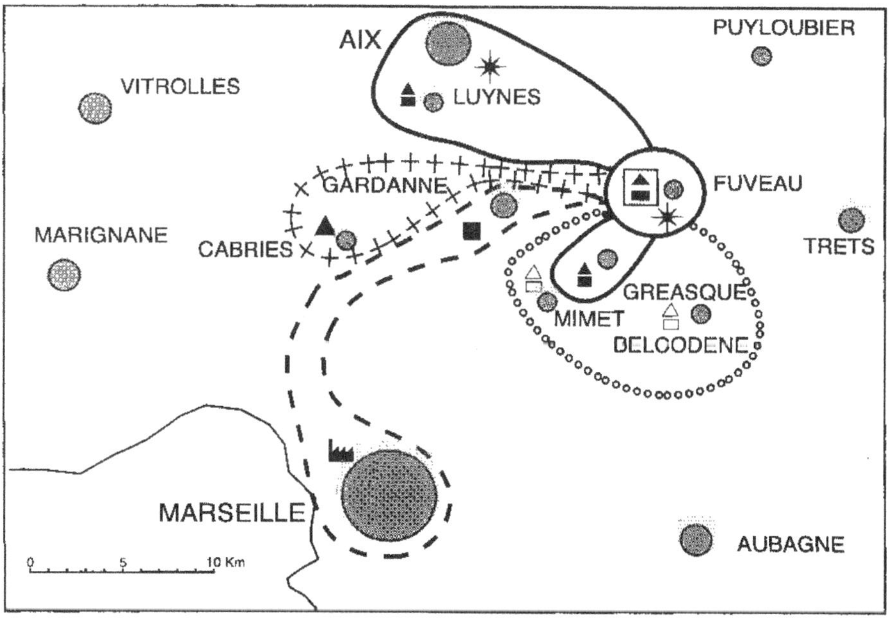

Commune de Puyloubier / Famille Schmidt

Nb de personnes : 5 Nb de véhicules : 2 Type habitat : maison sur 1500 m2 proche centre village
Niveau de revenus : 400 000 F/an.
L'homme est cadre supérieur à Rousset. La femme est professeur de gymnastique dans une association à Trets.
Un fils est étudiant pensionnaire à Toulon.

LIEUX DE TRAVAIL/ DEPLACEMENTS

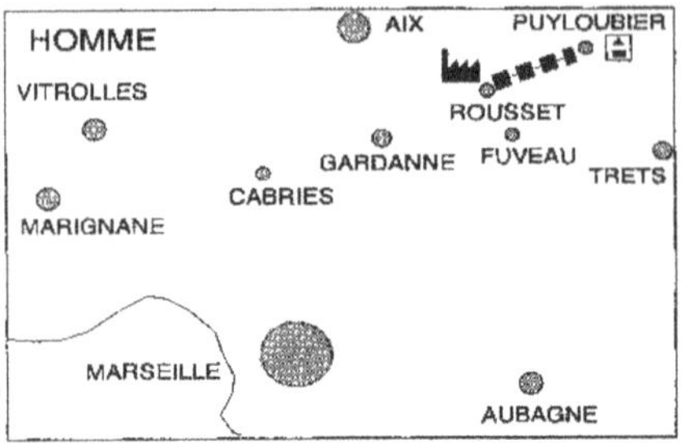

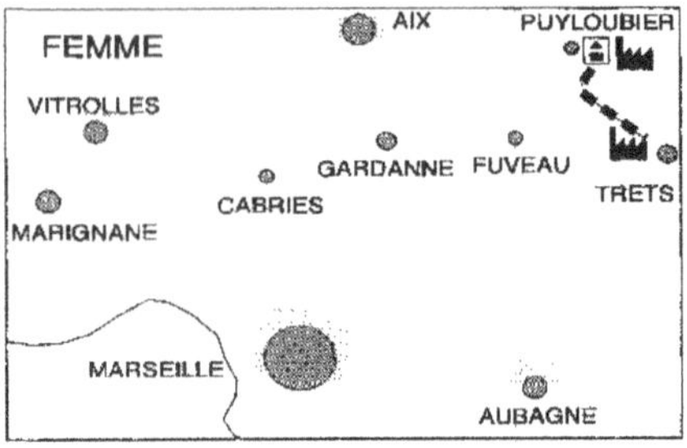

LIEUX DE SERVICES / DEPLACEMENTS

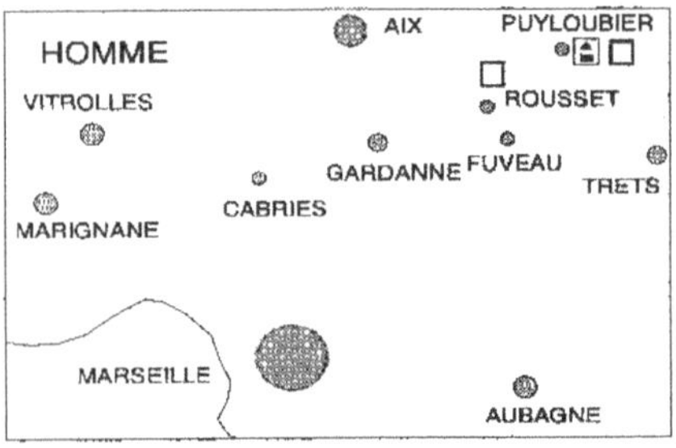

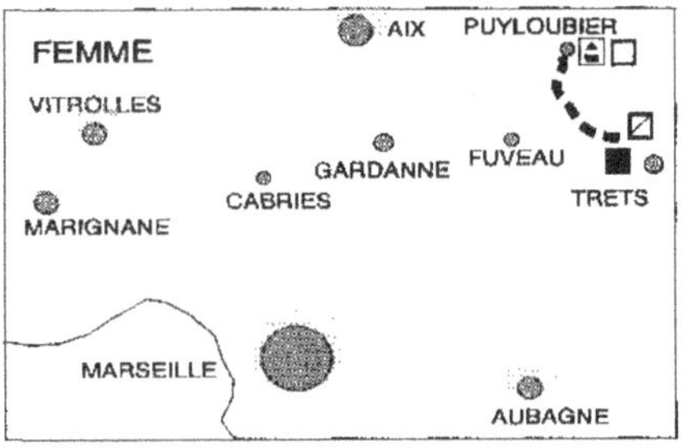

LIEUX / DEPLACEMENTS "CONTRAINTS"

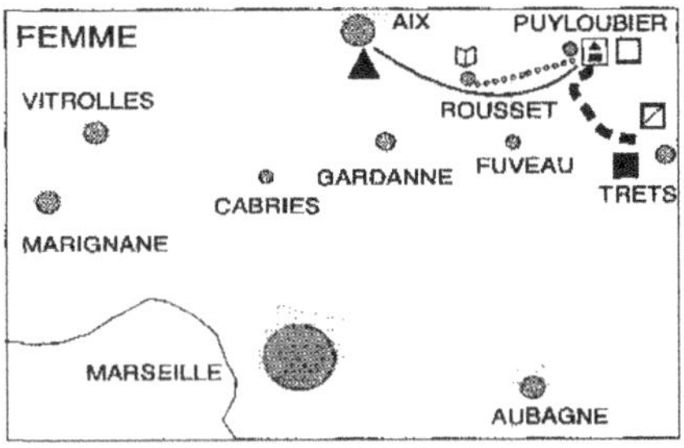

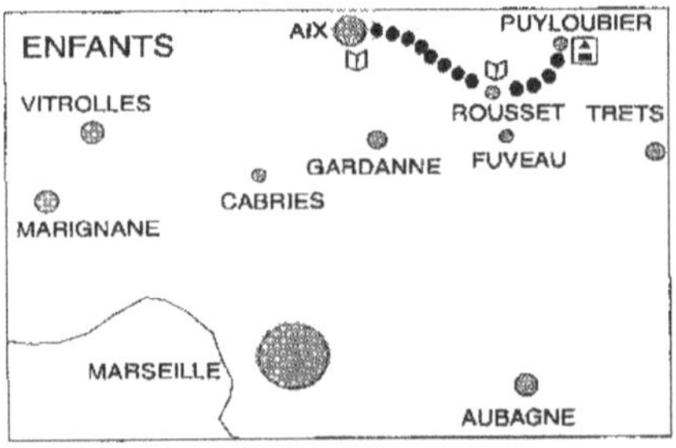

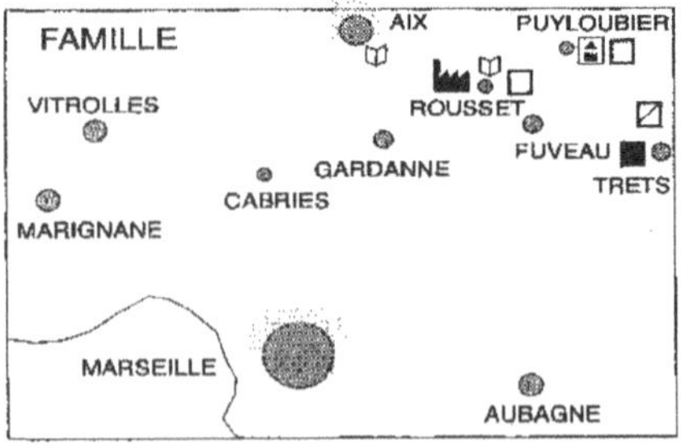

LIEUX / DEPLACEMENTS "CHOISIS"

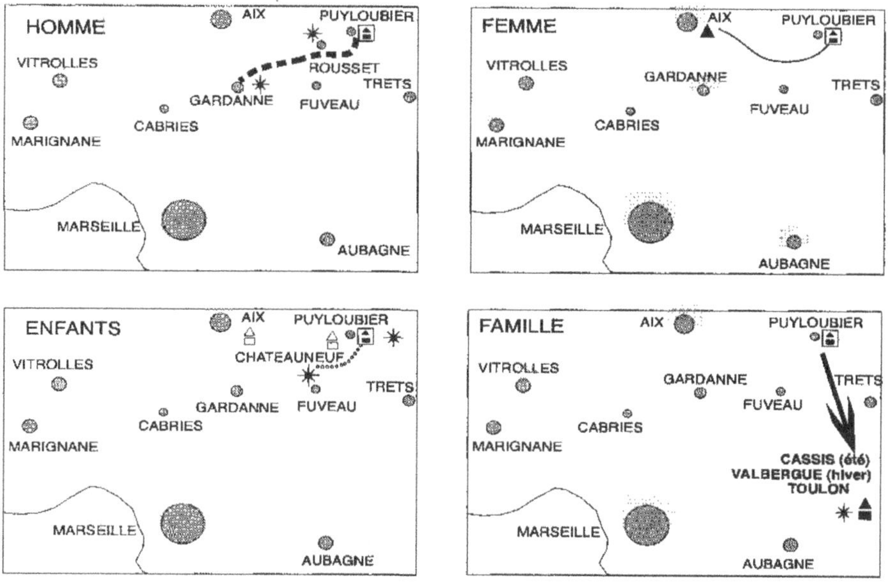

TERRITOIRES DES MEMBRES DE LA FAMILLE

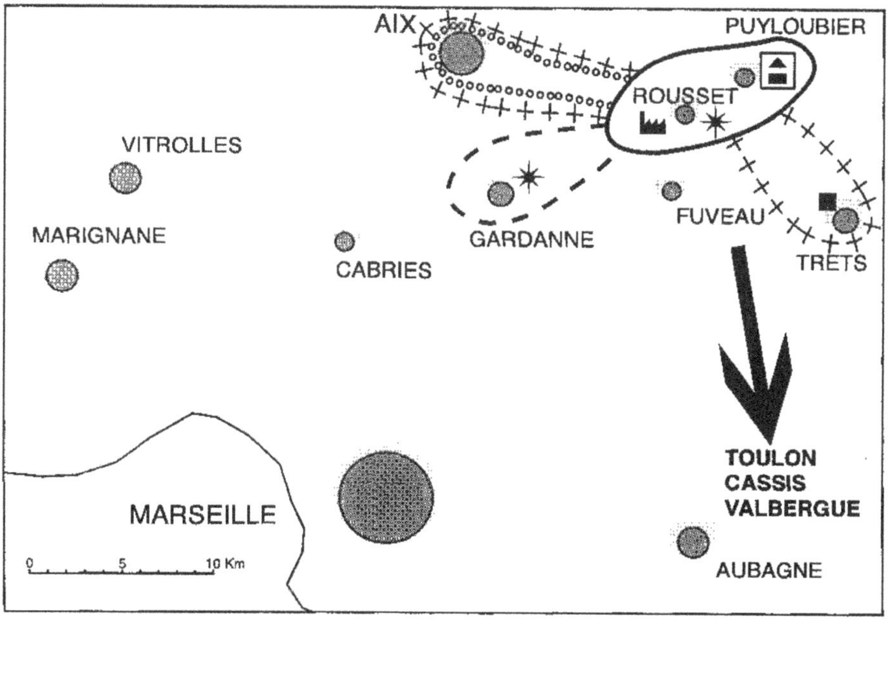

Commune de Puyloubier / Famille Thomas

Nb de personnes : 5 *Nb de véhicules : 3* *Type habitat : maison sur 4000 m2 de terrain*
Niveau de revenus : 240 000 F/an.
L'homme a un travail itinérant, il rayonne sur le sud Est. Il s'occupe régulièrement des courses de sa mère habitant à Marseille. La femme est en recheche d'emploi. L'un des enfants est au service militaire.

LIEUX DE SERVICES / DEPLACEMENTS

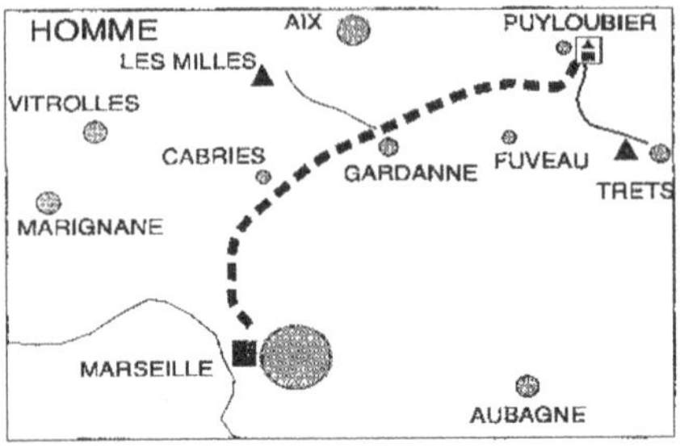

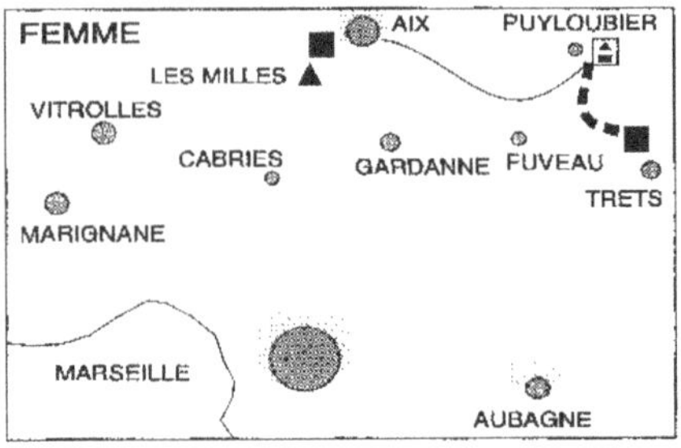

LIEUX / DEPLACEMENTS "CONTRAINTS"

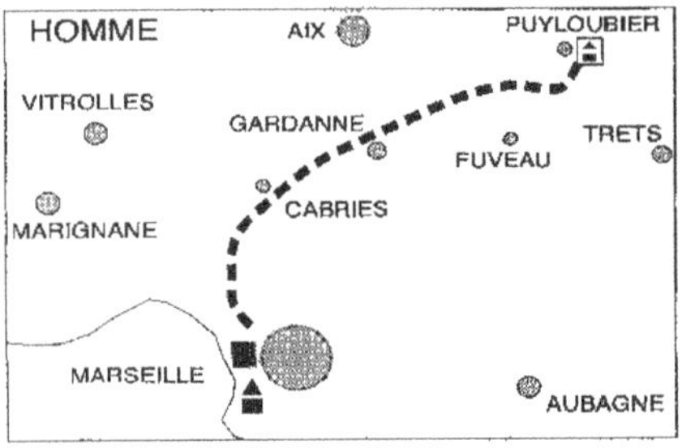

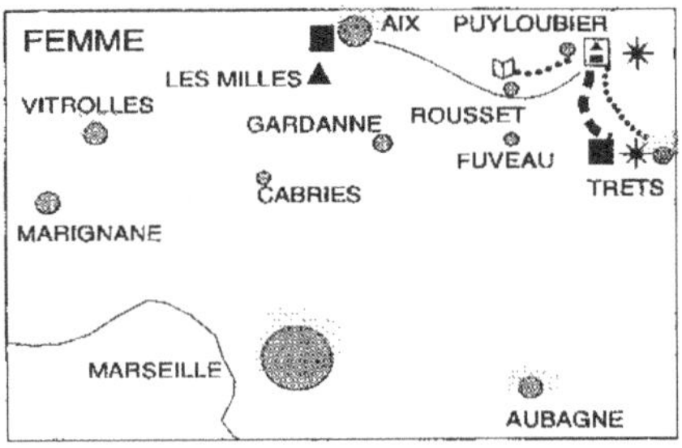

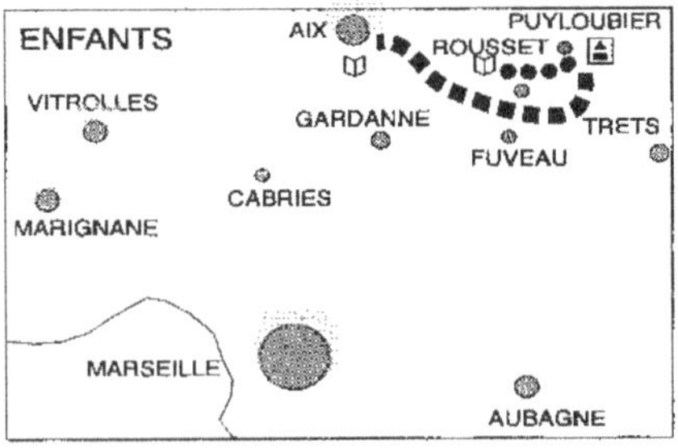

LIEUX / DEPLACEMENTS "CHOISIS"

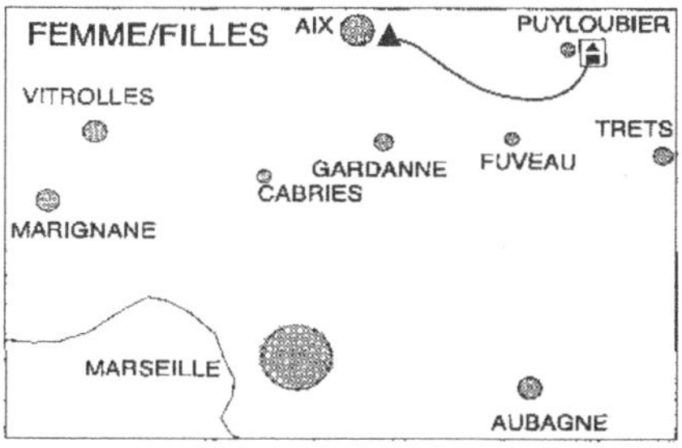

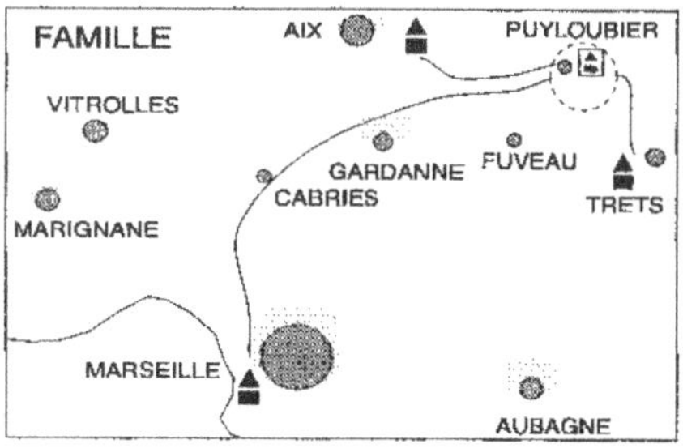

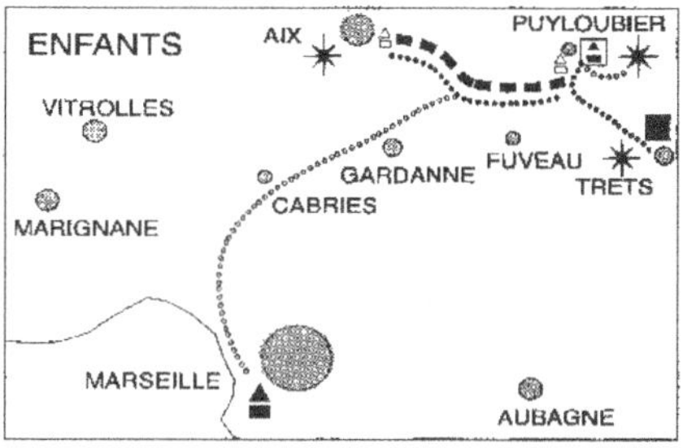

TERRITOIRES DES MEMBRES DE LA FAMILLE

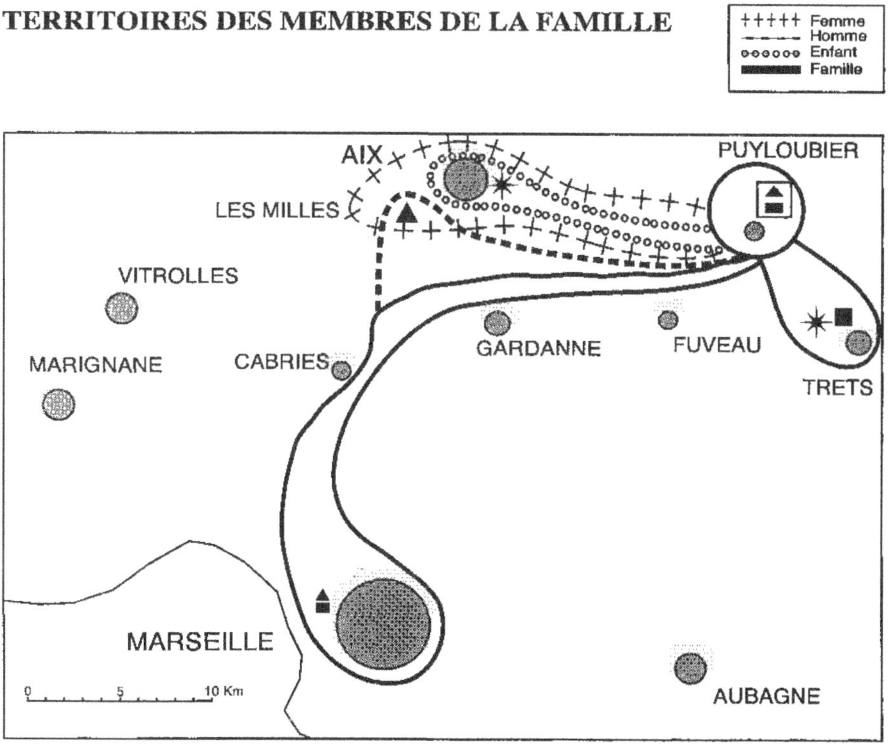

Bibliographie

Ascher, F. (1995), *Métapolis ou l'avenir des villes*. Paris : Odile Jacob.

Augé, M. (1992), *Non-lieux*. Paris : Le Seuil

Augé, M. (1994), *Pour une anthropologie des mondes contemporains*. Paris : Aubier.

Béguin, F. (1995), *Le paysage*. Paris : Flammarion.

Bessy-Pietri, P. (1999), "Les formes de la croissance urbaine (recensement de la population 1999)", *INSEE Première*, n° 701.

Barjonnet, P-E. (1988), "Mobilité spatiale", in *Espaces et sociétés*, n° 55.

Bauer, G., Roux J.-M. (1976), *La rurbanisation ou la ville éparpillée*. Paris : Le Seuil.

Bauer, G. (1979), *Un urbanisme pour les maisons*. Paris : UGE 10/18.

Beaujeu-Garnier, J. (1983), "Les espaces périurbains", in *Cahiers du CREPIF*, n°3, p. 7-8.

Berger, M. (1991), "L'urbanité des périurbains de l'Île de France", in *Annales de la Recherche Urbaine*, n° 56-57, Paris.

Berger, M. (1990), "À propos des choix résidentiels des périurbains : peut-on parler de stratégies territoriales ?" in *Strates* n° 5, p.125-128.

Bonvallet, C., Merlin, P. (1988), *Transformation de la famille et de l'habitat*. Paris : PUF.

Bonnin, Ph., (1994), "L'habitation, modalité de l'existence sociale", in *Les hommes, leurs espaces et leurs aspirations. Hommage à Paul-Henry Chombart de Lauwe*. Paris : L'Harmattan, p. 109-123.

Bonnin, Ph., de Villanova, R. (dir.) (1999), *D'une maison l'autre, parcours et mobilités résidentielles*. Grane : Créaphis.

Bourdin, A. (2001), *La question locale*, Paris : PUF.

Braudel, F. (1977), "Venise", in Braudel, F. (1977), *La Méditerranée, les Hommes et l'Héritage*. Paris : Flammarion.

Brousse, C. (1999), "La répartition du travail domestique entre conjoints : permanences et évolution de 1986 à 1999", in *France Portrait Social*, Paris : INSEE.

Burgel, G. (1993), *La ville aujourd'hui*. Paris : Hachette

Cerdà, I. (1979), *La théorie générale de l'urbanisation*. Paris : Le Seuil (adaptation du texte de 1867 par A. Lopez de Aberasturi).

Chauvet, A., Garnier, G. (1994), "Un actif sur deux quitte sa commune de résidence pour le travail", in *INSEE PACA Sud Information Economique*, n° 98.

Choay, F. (1994), "Le règne de l'urbain et la mort de la ville", in *Catalogue de l'exposition : La ville, art et architecture en Europe, 1830-1993*. Paris : Centre Pompidou.

Clerc, P. (1963), *Les grands ensembles*. Paris : PUF.

Comby, J., Renard, V. (1996), *Les politiques foncières*. Paris : PUF.

Comby, J. (1998) "Le marché des terrains pour maisons individuelles", in *Etudes Foncières* n° 78.

Coutras, J. (1996), *Crise urbaine et espaces sexués*. Paris : Armand Colin.

Crosta, P. L. (1998), *Politiche. Quale conoscenza per l'azione territoriale*. Milano : Franco Angeli.

Cuturello, P., Godard, F. (1982), *Familles Mobilisées: Accession à la propriété et notion d'effort des ménages*. Paris : Plan Construction, MUL.
Cuturello, P. (1997), *Dialogues de propriétaires*. Paris : Plan Construction Architecture et Habitat, MELTT.
Davis, M. (1998), *City of quartz, Los Angelès, ville du futur*. Paris : La Découverte.
Debray, R. (1992), *Vie et mort de l'image. Une histoire du regard en Occident*. Paris : Gallimard.
Dézert, B., Metton, A., Steinberg, J., (1991), *La périurbanisation en France*. Paris : Editions Sedes.
Driant, J.-C. (1999), "Démolir les grands ensembles ?", in *Études Foncières*, n° 86.
Dubet, F., Martuccelli, D., (1998), *Dans quelle société vivons-nous?* Paris : Le Seuil.
Dumontier, F., Pan Ké Shon, J-L. (1999), "En 13 ans, moins de temps contraints et plus de loisirs", *INSEE Première*, n° 675.
Dupuy, G. (1991), *L'urbanisme des réseaux*. Paris : Armand Colin.
Dupuy, G. (1995), *L'auto et la ville*. Paris : Flammarion.
Dupuy, G. (1999), *La dépendance automobile. Symptômes, analyses, diagnostic, traitements*. Paris : Anthropos.
Élias, N. (1985), *La société de cour*. Paris : Flammarion.
Godelier, M. (1984), *L'idéel et le matériel*. Paris : Fayard.
Grafmeyer, Y.(1996), *Sociologie urbaine*. Paris : Nathan.
Hall, E. T. (1971), *La dimension cachée*. Paris : Le Seuil.
Haumont, N. (1966), *Les Pavillonnaires : Etudes psychologiques d'un mode d'habitat*. Paris : Centre de Recherche Urbaine.
Hénon, P., Thiébaut, A. (1981), *Levallois. Histoire d'une banlieue*. Bruxelles : Mardaga.
Hervieu, B., Viard, J. (1996), *Au bonheur des campagnes (et des provinces)*. La Tour d'Aigues : L'Aube.
Hivert, L., Orfeuil, J.-P. (1989), *Un milliard de déplacements par semaine, la mobilité des français*. Paris : La Documentation Française.
INSEE (1993), "L'équipement des ménages en 1993", in *Consommations et modes de vie* n°76. Paris : INSEE.
Kaufmann, J.-C. (1997), *Le cœur à l'ouvrage, théorie de l'action ménagère*. Paris : Nathan.
Kaufmann , J.-C. (1998), *L'entretien compréhensif*. Paris : Nathan.
Kopp, A. (1970), *Ville et révolution*. Paris : Anthropos.
Landrieu, J. (1990), "Le périurbain en sursis", in *Nouvelles de l'observatoire* n°25, Supplément à Diagonal n° 81, p. 2-4.
Larcher, G. (1998), *Les territoires urbains et paysagers. Pour un nouvel équilibre des espaces périurbains*. Paris : Rapport du Sénat n° 415.
Le Breton, D. (2000), *Anthropologie du corps et modernité*. Paris : PUF.
Le Berre, M.-Y. (1992), "Les territoires", in *Encyclopédie de Géographie*. Paris : Economica.
Le Corbusier (1957), *Les trois établissements humains*. Paris : Minuit.
Lefebvre, H. (1970), *La révolution urbaine*. Paris : Gallimard.
Le Jeannic, T. (1997), "Radiographie d'un fait de société : la périurbanisation", *INSEE Première*, n° 535. Paris : INSEE.
Le Jeannic, T. (1997), "Trente ans de périurbanisation", in *Économie et Statistique*. Paris : INSEE.
Le Jeannic, T., Vidalenc, J. (1997), "Le Zonage en aires urbaines", *INSEE Première*, n° 516. Paris : INSEE.
Lévi-Strauss, C. (1987), "La notion de maison", entretien avec P. Lamaison, in *Terrain* n° 9. Paris : Ministère de la Culture, p. 34-39.
Lévy, J. (1999), *Le tournant géographique. Penser l'espace pour lire le monde*. Paris : Belin.

Lévy, J. (2000), "La France urbaine dans l'Europe des villes", in Paquot, Th., Lussault, M., Body-Gendrot, S. (éd.), *La ville et l'urbain, l'état des savoirs*. Paris : La Découverte.

Lévy, P. (1990), *Les technologies de l'information*. Paris : La Découverte.

Lorvellec, L. (1990), "La prise en compte du développement urbain dans les procédures d'aménagement rural", in *Revue de droit rural*, n° 179, p. 48.

Lynch K., (1969), *L'image de la cité*. Paris : Dunod.

Marié, M., Viard, J. (1988), *La campagne inventée*. Arles : Actes Sud.

Massot, J.-L. (1979), *Les inspirés de la maison standard*. Paris : Pandora.

Massot, M.-H., (1996), "Comportements de mobilité : modèles dominants et éclatement des modèles", in *Courrier du CNRS*, n° 82.

Mauss, M. (1905), "Essais sur les variations saisonnières des sociétés eskimos ; Étude de morphologie sociale", in Mauss, M. (1950), *Sociologie et anthropologie*. Paris : PUF.

Mauss, M. (1947), *Manuel d'ethnographie*. Paris-Genève : Payot.

Mayoux, J. (Commission présidée par...)(1979), *Demain l'espace, l'habitat individuel périurbain*, Paris : La Documentation française.

Moles, A., (1992), "Vers une psycho-géographie", in *Encyclopédie de géographie*. Paris : Economica.

Offner J.-M., Pumain D. (éd.) (1996), *Réseaux et territoires. Significations croisées*. La Tour d'Aigues : l'Aube.

Orfeuil J.-P. (1994), *Je suis l'automobile*. La Tour d'Aigues : L'Aube.

Perrot, M. (1987) (éd.), *Histoire de la vie privée, de la Révolution à la Grande Guerre*. Paris : Le Seuil.

Pillet, C. (1995), "Migrations et périurbanisation dans l'aire Aix Marseille", in *INSEE PACA Sud Information Economique*, n° 101.

Pillet, C. (1995), "Marseille se dépeuple mais...", in *INSEE PACA Sud Information Economique*, n° 101.

Pinson, D. (1982), *L'indépendance confisquée d'une ville ouvrière*. Nantes : ACL.

Pinson, D. (1988), *Du logement pour tous aux maisons en tous genres*. Paris : Recherches, Plan construction et habitat, MEL.

Pinson, D. (1992), *Des banlieues et des villes*. Éditions ouvrières, Paris.

Pinson, D. (1999) " De la mobi-stabilité ", in *Urbanisme* n°306, p. 84-89.

Raymond, H. et M.-G., Haumont A. et N. (1964), *L'habitat pavillonnaire*. Paris : CRU.

Rémy J., Voyé L. (1995), *La Ville : vers une nouvelle définition?* Paris : L'Harmattan.

Roncayolo, M. (1993), *La ville et ses territoires*. Paris : Gallimard.

Sassen, S. (1996), *La ville globale*. Paris : Descartes et Cie.

Schwartz, O. (1990), *Le monde privé des ouvriers. Hommes et femmes du Nord*. Paris : PUF.

Sennett, R. (1979), *Les tyrannies de l'intimité*. Paris : Le Seuil.

Serres, M. (1990), *Éclaircissements*. Paris : Flammarion.

Serres, M. (1994), *Atlas*. Paris : Éditions Julliard.

Simmel, G. (1908), "Digressions sur l'étranger" in Grafmeyer,Y., Joseph, I. (1979), *L'École de Chicago, Naissance de l'écologie urbaine*, Paris : Éditions du Champ urbain.

de Singly, F. (éd.) (1991), *La famille : l'état des savoirs*. Paris : La Découverte.

de Singly, F. (1996), *Le soi, le couple et la famille*... Paris : Nathan.

Slak, M-F. (1999), "Vers une modélisation du mitage : périurbanisation et agriculture", in *Études Foncières*, n° 85.

Spector, T. (1997), *La prospective et la ville : un état des lieux*. Notes du Centre de prospective et de veille scientifique (n°7), DRAST-MELT, Paris.

Tarrius, A. (1989), *Anthropologie du mouvement*. Paris : Paradigme.

Théry, Y. (1996), *Famille, une crise de l'institution*. Paris : Fond. Saint-Simon.

Unwin, R. (1981), *L'étude pratique des plans de ville*. Paris : L'équerre.

Veltz, P. (1996), *Mondialisation, villes et territoires, l'économie d'archipel*. Paris : PUF.
Verret, M. (1978), *L'espace ouvrier*. Paris : A. Colin.
Virilio, P. (1990), *L'inertie polaire*. Paris : C. Bourgeois.
Weber, M. (1982), *La ville*. Paris : Aubier.
Webber, M. (ed.) (1964), *Explorations in Urban Space*. Philadelphia : University of Pennsylvania.
Wiel, M. (1996), "La mobilité dessine la ville", in *Urbanisme*, n°289, p. 80-85
Wiel, M., Rollier, Y. (1993), "La pérégrination au sein de l'agglomération. Constats à propos du site de Brest" in *Les Annales de la Recherche Urbaine*, n° 59/60, p.151-162.
Wiel, M. (1999), *La transition urbaine ou le passage de la ville pédestre à la ville motorisée*. Liège : Mardaga.

Table des matières

LA MAISON EN SES TERRITOIRES
DE LA VILLA A LA VILLE DIFFUSE

623530 - Octobre 2015
Achevé d'imprimer par
1livre.com
du rêve à la réalité !

Made in the USA
Middletown, DE
04 November 2026

36541631R10110